MÉDECINE VÉTÉRINAIRE

PREMIERS SECOURS

EN CAS D'ACCIDENTS

ET DE MALADIES SUBITES

PAR

R. BISSAUGE

MÉDECIN-VÉTÉRINAIRE
COMMANDEUR DU MÉRITE AGRICOLE
OFFICIER DE L'INSTRUCTION PUBLIQUE
MÉDAILLE D'HONNEUR DES ÉPIDÉMIES

Deuxième Édition, revue et augmentée

PARIS

ASSELIN ET HOUZEAU

Libraires de la Société centrale de Médecine vétérinaire,

PLACE DE L'ÉCOLE-DE-MÉDECINE

1910

PREMIERS SECOURS

EN CAS D'ACCIDENTS

ET DE MALADIES SUBITES

MÉDECINE VÉTÉRINAIRE

PREMIERS SECOURS

EN CAS D'ACCIDENTS

ET DE MALADIES SUBITES

PAR

R. BISSAUGE

MÉDECIN-VÉTÉRINAIRE
COMMANDEUR DU MÉRITE AGRICOLE
OFFICIER DE L'INSTRUCTION PUBLIQUE
MÉDAILLE D'HONNEUR DES ÉPIDÉMIES

Deuxième Édition, revue et augmentée

PARIS

ASSELIN ET HOUZEAU

Libraires de la Société centrale de Médecine vétérinaire.

PLACE DE L'ÉCOLE-DE-MÉDECINE

1910

AVANT-PROPOS

En écrivant ce petit livre, mon but est d'être utile.

Je souhaite avoir réussi en mettant dans les mains des *cultivateurs* un guide pratique pour les premiers soins à donner aux animaux en cas d'accidents et de maladies subites.

Loin de moi la prétention de vouloir remplacer le vétérinaire, qui doit être appelé au plus tôt dans toutes les affections présentant la moindre gravité : tous les traitements recommandés dans cette brochure ne sont indiqués qu'*en attendant le vétérinaire* ; ce ne sont que les premiers secours, les premiers soins à donner aux malades pour éviter une issue fatale ou une aggravation de leur état.

J'ai évité avec soin, dans la rédaction, les mots scientifiques qui ne sont pas vulgairement connus et choisi les substances les plus usuelles qu'on a toujours sous la main.

Aucun médicament n'a été conseillé, pas même ceux qui se trouvent dans presque toute maison (laudanum, éther, phénol, spécialités diverses, etc.), car leur emploi peut être dangereux dans une main inexpérimentée, soit à cause de leur dose, qui varie suivant chaque animal, soit à cause de leur conservation plus ou moins douteuse.

Les renseignements donnés pourront servir : dans les accidents ou maladies réclamant un prompt secours, en ne restant pas inactif en face du danger ; dans les cas moins graves, en préparant le traitement du vétérinaire, si ce dernier est trop éloigné pour venir immédiatement.

Pour remplir mon désir, cet ouvrage devait être succinct et ne contenir que le strict nécessaire. C'est ce qui le distinguera d'un grand nombre de traités de médecine vétérinaire usuelle qui recommandent les opérations les plus graves et l'emploi des médicaments les plus dangereux.

C'est mettre à la portée de tous une arme à deux tranchants, dont les conséquences peuvent être désastreuses.

Dans un accident, une maladie subite, il s'agit de se rendre compte de la gravité. de ne pas temporiser en croyant à une affection bénigne. C'est pourquoi je me suis efforcé de grouper les symptômes les plus caractéristiques qui peuvent aider à reconnaître le danger, s'il existe.

J'ai écarté toute classification, inutile ici, et choisi l'ordre alphabétique pour faciliter les recherches.

Pour arriver à faire juste, j'ai dû consulter les ouvrages les plus récents, dont l'énumération est à la bibliographie, et mettre à profit l'expérience de dix années de clientèle à la ville et à la campagne.

Si cet opuscule peut rendre service à quelques cultivateurs, leur éviter la perte d'animaux, précieux auxiliaires, je serai satisfait.

PRÉFACE DE LA DEUXIÈME ÉDITION

Dans cette nouvelle édition, mise à jour et quelque peu augmentée, le plan est resté le même et le but identique. Je me suis efforcé d'indiquer ce qu'il faut faire en cas de maladie subite et aussi *ce qu'il ne faut pas faire* : pensant éviter ainsi aux cultivateurs non seulement le fléau des charlatans et des empiriques, mais aussi les conseils bienveillants, toujours bien intentionnés, mais souvent erronés et dangereux, des personnes aimant à recommander, sans savoir, tel ou tel moyen, ou tel ou tel remède.

J'ai persisté à croire que sans médicaments, sans ces spécialités dangereuses, inutilement onéreuses, qui inondent les campagnes au grand détriment des agriculteurs, on peut trouver autour de soi des secours précieux s'ils sont bien employés et en temps utile.

Les petits moyens ne doivent pas être négligés : ils n'éblouissent personne, mais ils peuvent souvent permettre d'attendre l'avis du vétérinaire, et de mettre immédiatement en œuvre un procédé de traitement simple, au moyen de substances usuelles et des minces ressources à la portée de tout le monde.

R. BISSAUGE.

Orléans, le 25 mai 1910.

MÉDECINE VÉTÉRINAIRE

ABCÈS

Les abcès sont des collections de pus occasionnées par des contusions, des frottements, des blessures, etc... et souvent dues à une infection.

SYMPTÔMES. — L'endroit lésé est chaud, sensible, de couleur rouge si la peau est blanche ; la tuméfaction peut s'étendre au loin et faire voir des cordes ou traînées lymphatiques. Plus tard, à la période de maturation, les symptômes s'atténuent et la fluctuation est perçue au centre.

Les abcès *froids* évoluent lentement et le pus est souvent situé à une grande profondeur.

PREMIERS SOINS. — Mettre l'animal au repos s'il boite ou si les harnais produisent un frottement douloureux. Faire de fréquentes lotions chaudes avec de l'eau de son ou de mauves, des applications d'huile d'olive, de beurre frais. Si la région le permet, appliquer des cataplasmes émollients : son, farine de lin, fécule.

En général ne pas ouvrir soi-même les abcès qui peuvent être situés dans une région dangereuse. Laisser ce soin au vétérinaire qui évitera les complications d'hémorragie, d'infection, de lésions nerveuses.

Il y a rarement avantage à laisser un abcès s'ouvrir seul, à cause des décollements produits.

AGGRAVÉE

L'aggravée se produit quand le cheval et le bœuf perdant en route un fer qu'on ne peut remplacer, sont obligés de marcher sur un chemin dur et raboteux, en été surtout.

Les animaux à pieds plats, à sole mince, s'usent la corne, quelquefois jusqu'au sang.

SYMPTOMES. — La marche est douloureuse ; la sole est râpée, amincie, cède à la pression des doigts ; il peut exister sur sa surface une ou plusieurs plaies saignantes. Le pied est chaud et sensible.

PREMIERS SOINS. — Laisser l'animal au repos et déferré ; le mettre au bain de rivière le jour ; la nuit, le pied sera entouré de terre grasse humide. En cas de douleurs vives, envelopper le pied dans un cataplasme de mauves hachées, de son, de farine de lin ou avec un mélange de blanc d'Espagne et de vinaigre. La sole sera badigeonnée de goudron ou de suie délayée dans l'huile de manière à former une pâte épaisse.

ANASARQUE

On désigne sous ce nom l'accumulation de sérosité sous la peau, favorisée le plus souvent par un refroidissement subit, un arrêt de la transpiration et causée par une infection toxique.

Assez fréquente, surtout chez le cheval où cette maladie se développe rapidement.

Symptomes. — L'anasarque s'annonce par une série d'élevures ou de plaques molles sur la peau, qui se réunissent et forment un gonflement plus ou moins considérable. Les engorgements se montrent surtout à la tête, aux membres postérieurs, mais peuvent siéger partout dans certains cas. Peu à peu, la tête prend un aspect singulier qui fait ressembler l'animal à un hippopotame; les membres atteints forment d'énormes poteaux qui ne peuvent plus plier aux articulations. L'appui du doigt sur ces tumeurs laisse la trace qui ne s'efface que lentement. La respiration est souvent gênée par l'engorgement des naseaux. L'appétit est conservé au début, mais l'animal ne peut plus saisir les aliments solides.

Premiers soins. — Isoler le malade, dans une

écurie chaude, légèrement aérée. Éviter les refroidissements. Le promener doucement si la température est chaude ; à la rentrée à l'écurie, enlever le licol, le surfaix, laisser l'animal en liberté.

Frictionner avec une flanelle, sèche d'abord, puis imbibée d'huile tiède, en massant légèrement toutes les parties atteintes.

Si les engorgements deviennent froids, frictionner vigoureusement avec des linges chauds trempés dans l'eau-de-vie ou le vinaigre.

Faire prendre doucement, en plusieurs fois, un litre de café chaud, additionné d'eau-de-vie. Donner un lavement tiède à l'eau de savon.

Envelopper le malade avec de bonnes couvertures ; lui présenter, un peu plus tard, un léger barbotage au son ou à la farine d'orge, légèrement salé, du son frisé, des produits mélassés ;

Boisson : infusion de foin. Les symptômes étant bien reconnus, il faut se hâter d'appeler le vétérinaire.

Éviter les ablutions froides sur les engorgements, la saignée prématurée, les frictions irritantes.

ANGINES

Les angines, toujours attribuées à un refroidissement, sont souvent causées par la localisation d'un état infectieux.

Suivant que l'inflammation est localisée au pharynx ou au larynx, on a l'angine pharyngée ou laryngée; parfois les deux organes sont atteints en même temps.

Symptomes. — On remarque d'abord une toux sèche, quinteuse, un jetage muqueux et blanchâtre; plus tard la toux est grasse et fréquente, le jetage devient épais, purulent.

La pharyngite est souvent provoquée par l'administration de breuvages trop chauds ou caustiques (météorifages); elle est reconnue par la présence de parcelles alimentaires dans le jetage : les liquides absorbés sont rejetés par les naseaux.

Dans les angines, il y a presque toujours retentissement sur l'état général : diminution de l'appétit, difficulté d'avaler, engorgement des ganglions situés dans l'auge (glandes).

Souvent les angines sont contagieuses et peuvent atteindre plusieurs chevaux d'une même écurie.

Premiers soins. — Autant que possible, isoler le malade dans une écurie pas trop chaude, aérée mais sans courants d'air ; le couvrir en hiver.

Donner des aliments qui s'avalent facilement : barbotages tièdes et miellés au son ou à la farine d'orge, carottes et grains cuits, fourrages verts si la saison le permet.

Ne pas négliger le pansage.

Faire sous la gorge des frictions au vinaigre chaud, suivies d'un enveloppement.

Plusieurs fois dans la journée, faire des fumigations à l'eau de son ou de mauves en ajoutant quelques têtes de pavot. N'employer les fumigations de goudron que lorsque le jetage est devenu épais et purulent.

Tenir les naseaux propres, les nettoyer souvent à l'eau tiède.

APHTES

Il ne s'agit ici que des aphtes de la bouche occasionnés chez les animaux jeunes, le plus souvent par une altération des fonctions digestives, une mauvaise alimentation, ou une infection de la bouche, et non de ceux qui accompagnent la fièvre aphteuse ou cocotte.

Ils siègent généralement sur le bord de la langue, les parois internes des joues, les gencives; ils peuvent gagner le mufle chez les bêtes bovines.

Symptomes. — Ils consistent en petites ulcérations qui suivent la rupture de vésicules se développant sur un point enflammé de la muqueuse de la bouche. On voit, les premiers intants, une petite élévation rougeâtre dont le sommet blanchit et se transforme en vésicule qui s'ouvre bientôt en laissant écouler un peu de liquide et en formant une ulcération. Si les plaies sont nombreuses et réunies, il peut y avoir de la fièvre, de l'inappétence et une infection qui gagne la gorge.

Premiers soins. — Il faut faciliter l'alimentation en offrant des aliments de facile préhension et n'ayant pas besoin de subir la mastication. Tenir la bouche propre en la lavant à l'eau vinaigrée additionnée de miel. Si l'odeur est repoussante, employer de l'eau avec un peu d'eau de Javel. Faire, au début, des gargarismes émollients : à l'eau de son ou de mauves.

Si les ulcérations sont nombreuses et réunies par plaques, se servir de la décoction d'écorce de chêne, de cresson, de feuilles de noyer. Appliquer ensuite sur les aphtes une pincée de sucre en poudre.

APOPLEXIE

Nom générique qui, vulgairement, sert à désigner un accident grave, venant subitement, donnant lieu à une perte de sentiment et de mouvement.

Sous ce nom étaient donc comprises les affections sanguines, les inflammations du cerveau et de ses enveloppes, les ruptures du cœur et des gros vaisseaux, les congestions pulmonaires et intestinales.

Aujourd'hui, on comprend sous cette dénomination les hémorragies dans l'intérieur du cerveau ou de la moelle.

Cette affection se rencontre chez le cheval et le bœuf.

SYMPTÔMES. — Si la marche de la maladie est lente, l'animal est inquiet, il ralentit son allure, qui est chancelante. Il est pris de tremblements, de vertige.

Le plus souvent, l'apoplexie est foudroyante; soit au travail, soit au repos, l'animal tombe subitement, reste sans mouvement; la respiration est gênée, haletante; quelquefois, la mort survient en quelques minutes. Si le sujet ne meurt pas immédiatement, l'état comateux peut durer 24 ou 36 heures. L'animal est couché, somnolent, les yeux fixes, il grince des dents, a les naseaux dilatés; des mouvements convulsifs agitent les mâchoires et les membres, la tête et l'encolure sont déviées; debout il peut présenter une paralysie d'un ou de plusieurs membres.

PREMIERS SOINS. — Il faut chercher, avant tout, à empêcher le sang d'affluer au cerveau.

Saigner l'animal, si on le peut, au besoin en lui coupant la queue. Faire des affusions d'eau froide sur la tête en fixant au sommet, entre les deux oreilles, une éponge, un gros tampon d'étoupe ou un torchon imbibé constamment d'eau vinaigrée.

Bouchonner vigoureusement le corps. Donner des lavements froids, salés et vinaigrés.

Faire avaler avec précaution, si c'est possible, un litre d'infusion de tilleul additionnée d'un demi-verre de vinaigre. Frictions sinapisées sous la poitrine et sur les reins.

Bonne litière, écurie aérée.

ASPHYXIE

L'asphyxie se produit quand l'air ne peut plus pénétrer dans le poumon : c'est l'arrêt ou la suspension de la respiration.

Elle dépend de causes différentes. Elle a lieu :

1° Par submersion (noyés) ;

2° Par écrasement ou compression (éboulement de carrières, renversement de voitures, etc...) ;

3° Par strangulation (cheval empêtré dans sa longe, qui tire au renard, etc...) ;

4° Par les gaz délétères (incendie, émanations des fosses d'aisances, fuite de gaz dans l'écurie) ;

5° Par le froid (congélation) ;

6° Par la chaleur (exposition au soleil, local trop chaud). Coup de chaleur ;

7° Par la foudre ;

8° Il y a aussi à considérer l'asphyxie des nouveau-nés.

Asphyxie en général.

SYMPTOMES. — Quelle que soit la cause, les symptômes sont à peu près les mêmes et n'échappent à personne. Ils varient avec l'intensité de la gêne respiratoire et la durée de la cause première.

L'animal est inquiet; les naseaux sont dilatés, la respiration difficile; les battements du cœur sont forts, tumultueux, quelquefois entendus à distance. Les muqueuses des yeux et de la bouche sont rouges, violacées.

Si l'asphyxie est violente, l'animal tombe sur le sol, se débat. Alors les mouvements du cœur sont faibles, la respiration saccadée, intermittente; les sueurs apparaissent autour des oreilles, à l'encolure, puis sur tout le corps.

Dans cet état, l'expulsion de l'urine et des crottins indique une mort imminente.

PREMIERS SECOURS. — Mettre l'animal au grand air, le débarrasser de tous ses harnais.

Frictionner vigoureusement la peau avec un bouchon de foin ou de paille; puis avec un chiffon de laine imbibé de vinaigre.

Asperger la tête avec de l'eau froide essuyée aussitôt.

Faire respirer du vinaigre dont on fait

tomber quelques gouttes dans les narines, ou des vapeurs sulfureuses produites par la combustion de quelques allumettes.

Ouvrir la bouche de force à l'aide d'un morceau de bois faisant levier.

Envelopper le malade avec des couvertures chaudes, donner des lavements alcoolisés.

Si le cas est grave, la respiration longue à revenir, insuffler de l'air par les narines, à l'aide d'un soufflet manœuvré à petits coups intermittents, simulant la respiration naturelle.

Avoir recours à une sorte de respiration artificielle, en pressant la poitrine et le ventre légèrement, lentement, en imitant le mouvement normal des côtes. Faire des tractions rythmées de la langue saisie avec un linge ; ces tractions devront être faites doucement, une toutes les 3 ou 4 secondes environ, on laisse l'organe se retirer aussitôt.

Quand l'animal se réveille un peu, faire prendre avec précaution un verre ou deux de vin chaud ou d'eau alcoolisée (sauf dans le cas d'asphyxie par la chaleur).

Tels sont les premiers soins à apporter dans n'importe quel cas d'asphyxie, quelle qu'en soit la cause.

Il y a lieu d'indiquer maintenant les mesures particulières à chaque asphyxie.

Asphyxie par submersion.

Sécher le poil de l'animal par de vigoureuses frictions sèches, puis avec des fers à repasser, des briques chaudes promenées sur la peau.

Placer la tête de façon à favoriser la sortie de l'eau du nez et de la bouche, qui seront aussitôt nettoyés. Chatouiller l'intérieur des narines avec une barbe de plume.

Sortir la langue de la bouche.

En désespoir de cause, insuffler de la fumée de tabac dans l'anus, ce qui se fait facilement en aspirant la fumée d'une pipe et en la refoulant dans une canule quelconque placée dans l'anus (branche de sureau, cannelle, morceau de jonc creux, etc...).

Asphyxie par écrasement.

Insister surtout sur l'insufflation de l'air avec le soufflet et la respiration artificielle.

Soigner, après le retour de la respiration, les *plaies* et *contusions* qui peuvent exister (voir ces mots).

Asphyxie par strangulation.

Couper vivement le licol ou dégrafer le collier qui produisent la gêne respiratoire. Aspersions d'eau froide sur la tête. Il y a souvent lieu de faire une saignée.

Frictionner énergiquement les membres et la colonne vertébrale avec un linge imbibé d'eau-de-vie ou de vinaigre.

Asphyxie par l'air vicié.

Aérer aussitôt le local ou sortir le malade si c'est encore possible. Frictionner avec persistance. Donner un lavement ou deux à l'eau froide salée. Ne rien faire boire au malade avant le retour de la respiration. Faire avaler à l'animal un verre d'eau vinaigrée, quand il commence à respirer.

Si les émanations proviennent d'égouts ou de fosses d'aisances, faire respirer de l'eau de Javel additionnée d'un peu de vinaigre.

Asphyxie par le froid.

Réchauffer le malade peu à peu et non brusquement. Frictionner vigoureusement le corps à l'eau froide (ou à la neige), puis à l'eau tiède et chaude. Faire prendre, à petites gorgées, environ un demi-litre de vin chaud ou d'infusion aromatique (menthe, tilleul, thé, café).

Asphyxie par la chaleur.

Transporter l'animal dans un endroit frais, aéré. Ablutions et compresses froides sur la

tête. Lavements et breuvages froids vinaigrés.
Éviter les breuvages alcooliques.

Asphyxie par la foudre.

Affusions froides sur tout le corps. Insister
sur les frictions sèches. Éviter d'enfouir le
malade dans un tas de fumier, comme on le
recommande quelquefois. Soigner les plaies si
elles existent.

Asphyxie des animaux nouveau-nés.

Le jeune animal (le veau surtout) est parfois
en état de mort apparente en sortant de l'utérus
de la mère. Un accouchement laborieux en est
souvent la cause.

Ne pas abandonner le petit sujet sans
essayer de le rappeler à la vie et s'assurer surtout si le cœur bat, si peu que ce soit.

Débarrasser la bouche et les narines des spu-
mosités qu'elles peuvent contenir ; laisser saigner un peu le cordon ombilical ; souffler dans
la bouche et les narines à petits coups espacés.
Asperger la tête à l'eau fraîche.

Employer surtout le moyen préconisé plus
haut, qui consiste à attirer brusquement la
langue du nouveau-né et à la lâcher aussitôt ;
répéter cette traction trois ou quatre fois par
minute. Opérer de vigoureuses frictions sèches
sur le corps, avec de la paille.

Faire respirer du vinaigre. Ne cesser les soins qu'à l'arrêt complet du cœur.

ATTEINTE

L'atteinte est une contusion plus ou moins vive du bas des membres.

Elle est produite le plus souvent par le fer de l'un des pieds du cheval ; elle est aussi la conséquence du *forger*, ou de l'action de se *couper*, ou déterminée par un choc extérieur.

Symptomes. — Le premier symptôme qui frappe est la boiterie qui survient tout à coup. L'endroit heurté peut être le siège d'une simple contusion ou d'une plaie plus ou moins profonde ; dans tous les cas, il devient chaud, tuméfié, douloureux à la pression.

Les accidents les plus graves peuvent résulter de l'atteinte : phlegmons, javarts, etc. quand elle est voisine de l'ongle.

Premiers soins. — S'il y a plaie, nettoyer soigneusement avec de l'eau propre d'abord, puis avec de l'eau alcoolisée ; couper les poils de la région ; entourer la partie malade avec un petit pansement léger, fait d'étoupes, d'ouate bien propres imbibées d'eau-de-vie et maintenir avec quelques tours de bande.

Dans tous les cas, mettre l'animal à l'eau

courante, si c'est possible. Appliquer, si la région est chaude et engorgée, des cataplasmes de feuilles de mauve, de farine de lin, de son bouilli.

Si l'atteinte vient du *couper* ou du *forger*, faire placer une ferrure spéciale pour éviter le retour de l'accident.

AVORTEMENT

L'avortement est l'expulsion du fœtus avant le terme normal. Généralement, le fœtus est mort ou ne vit que quelques heures.

Il faut distinguer l'avortement accidentel et l'avortement contagieux.

Avortement accidentel.

L'avortement accidentel est produit par des causes multiples, souvent mal définies : travail violent, course rapide, chutes, sauts, coups sur l'abdomen, frayeur, absorption de plantes nuisibles ou de mauvais fourrages ; préhension de boissons froides ; ou simplement maladie ou faiblesse de la mère ou du fœtus. Beaucoup d'autres causes sont incriminées sans preuve.

Symptômes. — Si la gestation ne date que de deux ou trois mois, l'expulsion se fait spontanément, sans prodromes, seulement quelques coliques. Si la mère est plus proche du terme normal de la délivrance, on observe : un gonflement des lèvres de la vulve, qui laisse écouler un liquide épais, une augmentation du volume des mamelles. Plus tard, les coliques surviennent, intermittentes, la malade est triste, abattue, ne mange plus. Les efforts expulsifs deviennent de plus en plus violents, la poche des eaux apparaît. Si le fœtus est mort, le travail est plus lent.

PREMIERS SOINS. — Si l'animal est au travail, le mettre au repos, à l'écurie, dès les premiers signes; le couvrir après l'avoir bouchonné doucement sous le ventre. Administrer aussitôt un breuvage fait d'une infusion de tilleul avec deux têtes de pavot. Lavements à l'eau de son et de pavot. Affusions d'eau froide sur les lombes.

Si les coliques sont vives dès le début, donner des boissons alcooliques : un litre de vin chaud additionné d'un verre d'eau-de-vie; renouveler le breuvage une demi-heure après.

Quand ces soins sont inutiles, que l'avortement est inévitable, avant l'arrivée du vétérinaire, favoriser la sortie du fœtus par les moyens ordinaires (voir *Parturition*).

Aussitôt l'expulsion, que le délivre soit sorti ou non, faire dans la matrice une injection tiède avec décoction de thym ou de feuilles de noyer. Nettoyer la vulve avec de l'eau bouillie ou additionnée d'un peu d'eau de Javel.

Avortement contagieux.

L'avortement contagieux ou épizootique s'observe chez la vache et sévit parfois dans toute une contrée. Si une étable est infectée, toutes ou presque toutes les vaches pleines avortent.

Les symptômes sont les mêmes que précédemment, les soins à donner sont semblables. En outre, il y aura lieu d'éviter de traîner sur le sol le fœtus et ses enveloppes, et de désinfecter la place de la mère, qui sera séparée de ses voisines aussitôt les premiers signes, ou mieux, si c'est possible, placée dans un local séparé.

Enfouir profondément le fœtus et ses enveloppes. Nettoyer la vulve et les alentours.

Il ne faut jamais conduire une vache avortée au taureau que trois mois après la date du part normal.

Quand l'affection règne dans un pays, avoir soin de ne pas introduire des vaches nouvelles dans une étable où logent d'autres bêtes en état de gestation.

Préserver les vaches pleines par des lavages des organes génitaux. Ne pas faire d'injections vaginales. Consulter le vétérinaire pour constituer le traitement préventif.

BLESSURES DE HARNACHEMENT

Elles sont causées par le mauvais entretien ou par un mauvais ajustage des harnais et favorisées par la chaleur, la maigreur du sujet ou sa mauvaise conformation.

Symptomes. — Il peut se produire une bosse, une excoriation légère, une véritable plaie, des durillons ou cors avec décollement de la peau.

Premiers soins. — Supprimer aussitôt la cause, protéger la région atteinte par une toile cirée, faire pratiquer à la selle ou au collier un évidement ou rembourrer les parties avoisinantes, pour éviter les pressions.

En cas de bosse, laver à l'eau froide, recouvrir d'une éponge mouillée retenue par un surfaix ; faire une application de blanc d'Espagne délayé dans du vinaigre.

L'excoriation (ou la plaie) sera tenue proprement, lavée à l'eau bouillie et pansée à l'eau-de-vie. Pour les cors, enduire d'huile ou de beurre plusieurs fois par jour, en lavant avant chaque application.

Ne pas temporiser inutilement dans la crainte de voir se produire les graves lésions du mal de garrot ou d'encolure.

BOITERIE

La boiterie est une irrégularité dans les allures, déterminée par la souffrance d'un ou de plusieurs membres. La boiterie n'est pas une maladie, mais l'indice d'une lésion du membre malade.

Le degré de la boiterie est très variable, depuis la légère claudication au trot (feinte), jusqu'à la boiterie au pas, et la marche à trois jambes.

RECONNAITRE LE MEMBRE BOITEUX. — Si la boiterie est accusée, il est facile de se rendre compte du membre malade. Si, au contraire, elle est légère, cela est plus difficile.

Le cheval qui boite du devant, au moment où il pose le membre malade, relève la tête, la jette en arrière et de côté pour soulager ce membre ; cela revient à dire que la tête tombe sur le membre non boiteux.

Le cheval qui boite d'un membre postérieur enlève la croupe du côté du membre boiteux, au moment de son appui. Au repos, l'animal cherche à soustraire le membre à l'appui ; l'antérieur est porté en avant ou bouleté ; le postérieur est fléchi au jarret et n'appuie que sur la pince.

La lésion est grave s'il existe des lancinations dans le membre, c'est-à-dire des mouvements d'élévation et d'abaissement.

Certaines boiteries disparaissent par l'exercice, d'autres au contraire augmentent : ce sont les boiteries intermittentes (vice rédhibitoire).

PREMIERS SOINS. — Les traitements sont trop nombreux et surtout trop variables pour les indiquer ici, même sommairement ; ils dépendent de la nature du mal.

Je me contenterai donc d'indiquer les précautions à prendre quand un cheval devient subitement boiteux :

Mettre le cheval au repos si la boiterie est un peu forte, examiner immédiatement le pied et s'assurer qu'il n'y a pas un clou, un caillou, un morceau de verre. Faire déferrer le pied si la ferrure est récente (une piqûre de maréchal peut amener une boiterie 5 à 6 jours après. Si le pied est chaud, sensible, s'il y a des lancinations, mettre le sabot dans un cataplasme au son, à la graine de lin, tenu constamment humide. Se reporter aux articles spéciaux : *Atteinte*, *Écart*, *Allonge*, *Entorse*, *Clou de rue*, etc.

Le diagnostic étant souvent difficile, se garder d'employer soi-même les vésicatoires, feux etc., qui gênent le vétérinaire pour trouver la lésion.

BRULURES

La brûlure peut être produite par un corps fortement chauffé ou par des caustiques. C'est une lésion qui consiste dans une désorganisation des tissus.

On classe les brûlures en plusieurs degrés suivant qu'elles sont simples ou profondément désorganisatrices.

La *brûlure simple* se reconnaît au poil roussi, à la chaleur de la peau, qui, en cet endroit, est légèrement tuméfiée et couverte parfois d'ampoules remplies de sérosité ; si la peau est blanche, la brûlure produit une rougeur manifeste.

Le second degré de la brûlure est caractérisé par la mortification de la peau et des tissus qui se trouvent au-dessous : muscles, tendons, vaisseaux, os. Les bords de la plaie sont rouges, le centre est occupé par une partie noirâtre, carbonisée, adhérente, qui sera éliminée plus tard par la suppuration.

Dans les brûlures étendues, la fièvre se déclare assez forte, l'animal est triste, abattu, sans appétit.

Premiers soins. — Tout d'abord, faire sur les parties brûlées des applications réitérées de compresses douces imbibées d'eau fraîche. Quelques instants après, on ajoutera avec avantage à l'eau de la gomme arabique, un blanc d'œuf, de l'encre. Les lavages fréquents avec une décoction d'écorce de saule donnent aussi de bons résultats. S'il existe des ampoules, on les pique avec une aiguille bien propre, pour faire écouler la sérosité. On appliquera ensuite sur les parties vives de la confiture de groseilles, de la pomme de terre râpée, de l'amidon, de la fécule ou de la poudre de charbon très fine.

Brûlures par les caustiques.

Les caractères de la lésion sont à peu près les mêmes que ceux de la brûlure par la chaleur. Le traitement provisoire seul peut différer.

Il faut éviter le lavage à l'eau fraîche et les compresses qui ne feraient qu'activer l'action du corrosif. Éponger avec un linge fin et sec ou de l'étoupe pour enlever les parties du caustique qui peuvent rester.

Les lavages sont différents, suivant le produit qui a causé la brûlure :

1° Brûlures par les acides sulfurique, nitrique, chlorhydrique. — Lavages à l'eau de savon, à l'eau additionnée de carbonate de soude ou de chaux.

2° Brûlures par la potasse, la soude, la chaux. — Lavage à l'eau acidulée avec du vinaigre.

3° Brûlure par l'acide phénique. — Lotions d'huile d'olive ou d'huile de lin.

En médecine vétérinaire, deux brûlures spéciales sont fréquentes : celles de la bouche et de la sole du pied.

Brûlure de la bouche et de la gorge.

Cette brûlure a souvent lieu après l'administration d'un breuvage contenant des matières caustiques, ou trop chaud et donné de force à un animal malade, par une main maladroite; elle survient toujours à la suite de l'administration des divers météorifuges, tous à base d'ammoniaque et dangereux.

Cette brûlure peut occasionner des accidents graves.

PREMIERS SOINS. — Pour y remédier, gargariser la bouche avec une décoction de feuilles de plantain, de l'eau d'orge, ou simplement de l'eau miellée.

Aliments liquides, barbotages, infusion de foin.

Brûlure de la sole.

Suivant le degré de brûlure, la sole est dite chauffée ou brûlée. C'est un accident produit par un fer trop chaud, tenu trop longtemps sur le pied par le maréchal, surtout quand la sole est mince ou trop parée (pieds plats).

SYMPTOMES. — La boîterie survient immédiatement ou plusieurs jours après la ferrure. La partie de la sole qui est atteinte est jaunâtre, semée de petits points noirs. Si la lésion est ancienne, il peut y avoir un abcès dans le pied avec décollement de la sole ou de la parci. Le pus de cet abcès est noirâtre, d'odeur infecte. Les complications peuvent être dangereuses, la boiterie persiste assez longtemps.

Premiers soins. — Enlever le fer aussitôt qu'on soupçonne l'accident. Faire amincir la sole autour de l'endroit atteint. Bains de rivière prolongés si c'est possible. A l'écurie, mettre le pied dans un cataplasme de farine de lin ou de terre grasse, délayée avec de l'eau vinaigrée. Plus tard, panser au goudron végétal. Prévenir le vétérinaire pour empêcher les abcès, les décollements, les nécroses toujours possibles, et pour prescrire la ferrure nécessaire.

CAPELET

On désigne sous le nom de capelet une tumeur globuleuse située à la pointe du jarret.

Il est dû à des coups, à une ruade, un frottement contre la stalle d'écurie, etc…

Symptomes. — Grosseur plus ou moins volumineuse qui peut atteindre le volume du poing. Lorsque le capelet est récent, il est chaud, sensible, mou ; il ne fait que très rarement boiter le cheval.

Cette lésion n'est pas dangereuse, mais elle déprécie beaucoup l'animal qui en est atteint.

Premiers soins. — On donnera aussitôt que

possible et plusieurs fois dans la journée une douche en pluie ; ou on mettra le cheval à l'eau courante. Appliquer ensuite un emplâtre au blanc d'Espagne mélangé de vinaigre. Ne pas interrompre le service.

Si le cheval a quelque valeur, consulter le vétérinaire. En attendant, se garder de ponctionner la tumeur et de faire des frictions vésicantes.

CLOU DE RUE

Le clou de rue est un accident qui a reçu le nom de sa cause ; il est le résultat d'une blessure faite à la face inférieure du sabot par un clou ou tout autre objet résistant et plus ou moins aigu.

Sa gravité varie suivant la profondeur où le clou a pénétré et surtout suivant la région qui est atteinte ; la plus dangereuse est la partie médiane de la sole.

Symptomes. — Le premier symptôme est la boiterie subite plus ou moins accusée. Si le clou a été retiré aussitôt, on aperçoit l'orifice d'où peut sortir du sang ou de la sérosité. Dans les cas où le clou n'a pas été retiré aussitôt, il peut y avoir un abcès avec décollement.

Premiers soins. — Retirer le clou avec précaution pour éviter sa cassure dans la plaie ;

faire amincir, par un maréchal adroit, la sole
ou la fourchette tout autour de la piqûre ; laver
à l'alcool en tâchant d'en faire pénétrer dans
l'ouverture; faire un petit pansement avec de la
ouate ou de l'étoupe propres retenues par quelques éclisses.

Placer l'animal au bain de rivière. A l'écurie,
enlever le pansement et placer le pied entier
dans un cataplasme de farine de lin ou de son,
additionnée d'un demi-verre d'alcool ou d'eau-
de-vie. Si le cheval est docile, on peut employer
les bains à l'eau de son tiède.

C'est au vétérinaire à continuer le traitement,
suivant la gravité de la lésion.

COLIQUES

Le mot colique indique un symptôme et non
une maladie. On a l'habitude de donner ce nom
aux douleurs qui résultent d'un certain nombre
d'affections de l'abdomen. Les coliques peuvent
être dues : à l'indigestion de l'estomac ou de
l'intestin, à la péritonite, à la dysenterie, à la
congestion ou à l'inflammation de l'intestin, à
la production anormale de gaz intestinaux, à un
empoisonnement, à une hernie, à une affection
des reins ou de la vessie, etc...

Le traitement doit donc différer de beaucoup,
suivant l'affection, et ici encore il faut se défier

d'employer les spécifiques miraculeux qui doivent guérir toutes les sortes de coliques.

La présence du vétérinaire est toujours indispensable, d'abord pour reconnaître la cause des coliques, et instituer ensuite un traitement convenable.

Dans un ouvrage aussi sommaire, je me bornerai à donner des symptômes généraux et les premiers soins utiles au début, dans tous les cas.

Symptomes. — Soit au repos, soit pendant le travail, soit peu après le repas, le cheval commence à être inquiet, il regarde son flanc de temps en temps, agite sa queue, gratte avec ses membres antérieurs, se couche, se relève, frappe avec ses membres postérieurs. Parfois, il se plaint, se roule sur le sol en prenant des positions anormales : à genoux, sur le dos, en chien assis ; les signes sont intermittents, la douleur laisse par instant du répit au malade. Si le mal persiste, le cheval se couche brusquement en se laissant tomber, se couvre de sueur ; le ventre et le flanc sont gonflés, la respiration est pénible, les naseaux dilatés, le nez froncé. Les oreilles deviennent froides. On remarque des éructations, des efforts de vomissement. Les reins sont raides et voussés. Il y a constipation ou diarrhée.

Si les coliques sont violentes et durent longtemps, l'animal s'épuise, reste sans force, la tête basse, appuyée souvent sur la mangeoire. Puis les douleurs cessent, la peau devient glacée, les yeux blancs ; ce sont les signes précurseurs de la mort.

Si les coliques sont dues à une affection des voies urinaires, le cheval se campe fréquemment, mais sans pouvoir uriner ; parfois s'écoule une urine foncée, en petite quantité.

PREMIERS SOINS. — Au début, il est souvent difficile de spécifier la cause du mal, aussi faut-il employer les moyens suivants en attendant le vétérinaire qui seul pourra, dans la plupart des cas, reconnaître la cause du mal et y porter remède.

Bouchonner le cheval avec un bouchon de paille ou de foin, sous le ventre, sur les flancs et les reins.

Si le temps le permet, promener doucement le cheval, couvert suivant la température. Ne jamais faire trotter ou galoper l'animal.

Administrer toutes les dix minutes environ un lavement froid à l'eau de son, de savon, additionnée d'une poignée de sel, de décoction de graine de lin. Éviter la saignée intempestive, le vétérinaire seul jugera de son opportunité ; elle n'est du reste utile, au début, que dans la congestion intestinale (coliques rouges).

Si malgré ces soins les coliques augmentent, frictionner le ventre, les membres, avec du

2.

vinaigre chaud, de l'essence de térébenthine, de l'eau sinapisée. Éviter d'employer les divers météorifuges ou calmants répandus dans les campagnes.

Donner au malade, mais avec beaucoup de précautions, et à petites gorgées, des breuvages tièdes alcooliques : vin chaud, infusion de camomille, de menthe, de thé, une verrée chaque quart d'heure.

En cas de gonflement, ces breuvages seront additionnés d'un peu de sel.

Si les coliques sont violentes, que l'animal ne puisse plus marcher, il faut cesser la promenade de temps en temps et placer le cheval dans une écurie assez vaste, garnie d'une bonne litière.

Coliques des bêtes bovines.

Elles sont moins fréquentes que chez le cheval.

SYMPTÔMES. — Ce sont à peu près les mêmes : le malade se tourmente, s'agite, frappe son ventre avec ses membres postérieurs, regarde souvent son flanc, se couche et se relève brusquement, fait entendre des plaintes ou des mugissements ; le flanc gauche est toujours gonflé.

Ces coliques sont dues le plus souvent, chez ces animaux, à une indigestion intestinale. Dans l'indigestion du rumen (voir *Météorisation*) les coliques sont relativement légères. Les coliques sans défécation sont dues à un étranglement intestinal.

PREMIERS SOINS. — Frictions sèches sous le ventre et sur les flancs, lavements savonneux froids. Breuvages tièdes aromatiques légèrement salés ou alcoolisés.

CONTUSIONS

La contusion est produite par le choc d'un objet dur, résistant, non aigu.

Elle est fréquente chez les animaux : coups de pied, de corne, de bâton ; chutes, etc.

SYMPTOMES. — Les lésions sont variables suivant la région et la violence du choc ; il peut y avoir simplement un peu de chaleur ou de rougeur (si la peau est blanche), une *bosse* plus ou moins prononcée qui, au début, est molle et fluctuante. Si la contusion est violente, il peut en résulter un écrasement des muscles, des vaisseaux et même fracture des os. La sensibilité est en rapport avec la gravité de la lésion.

La contusion de la face interne de la jambe et du bras amène souvent une fracture quelques jours après : elle nécessite toujours un repos prolongé.

PREMIERS SOINS. — Mettre sur la partie contusionnée des compresses d'eau fraîche, d'eau salée, fréquemment renouvelées. Comprimer légèrement avec une bande si la région le permet. Se bien garder de prendre la bosse pour un abcès et de la ponctionner. Appliquer une ou plusieurs couches du mélange suivant qui donne de bons résultats :

> Eau-de-vie : 1/2 verre.
> Savon râpé : gros comme deux noix.

On peut aussi recommander les compresses imbibées de vin, ou d'un mélange d'huile battue et chauffée avec du vin (Baume Samaritain).

Si la contusion siège au bas des membres, mettre l'animal à l'eau courante.

La contusion de la sole doit être soignée en déferrant le sabot qui sera placé dans des cataplasmes émollients ; recouvrir ensuite avec un corps gras ou du goudron.

CORPS ÉTRANGERS

Des corps étrangers de nature diverse peuvent s'introduire dans les organes et y causer des désordres variables selon leur volume et leur forme.

DANS LA PEAU. — Les corps étrangers introduits dans la peau sont le plus souvent des épines, des morceaux de bois, des clous, des aiguilles, etc. Sont généralement peu dangereux, à moins que le corps n'ait pénétré dans les tissus ou qu'il soit volumineux.

PREMIERS SOINS. — Enlever le corps étranger avec soin, soit à la main, soit à l'aide de pinces, de tenailles, en manœuvrant adroitement de façon à ne pas briser l'objet dans la plaie. Laver la piqûre à l'eau alcoolisée et, si le corps était un peu gros, introduire dans l'orifice un petit tampon d'ouate propre qui dépassera la peau, pour empêcher la cicatrisation trop rapide de l'ouverture de la plaie. Si de l'œdème se produit autour de la piqûre, lotionner avec la décoction d'écorce de chêne.

DANS L'OREILLE. — On rencontre parfois dans l'oreille des grands animaux : des insectes, des brins de fourrages, des graviers introduits accidentellement ou des corps durs placés intentionnellement.

Si ces corps sont laissés en place, ils peuvent occasionner une inflammation grave de l'oreille et provoquer des crises épileptiformes.

On s'aperçoit de la présence d'un semblable accident par les mouvements continuels de la tête qui se tient penchée du côté de l'oreille atteinte. Quelques chevaux deviennent alors inabordables.

PREMIERS SOINS. — Injecter dans l'oreille de l'huile d'olive ou de l'eau mucilagineuse, et tâcher d'extraire le corps étranger avec le doigt.

une pince, une curette de bois bien arrondie ou une épingle à cheveux.

On facilite ces tentatives en opérant des tractions sur l'oreille dans tous les sens.

DANS LE NEZ. — Rare chez les animaux. On peut trouver dans les naseaux : des crins, des brindilles de fourrages ou de paille, des vers, des mouches, des plumes d'oiseaux, etc.

L'animal atteint de cet accident s'ébroue violemment ; il s'écoule du nez de l'eau claire, parfois des stries sanguines.

PREMIERS SOINS. — Enlever le corps, si c'est possible, avec des pinces maniées avec précaution, un petit morceau de bois ou de baleine, un petit crochet de fil de fer entouré d'un linge fin. Parfois un peu de poivre ou de tabac à priser suffisent pour provoquer un ébrouement salutaire et chasser l'objet. Pour calmer l'irritation produite, faire des fumigations à l'eau tiède de son ou de mauves.

DANS L'ŒIL. — Fréquemment ce sont des graviers, des morceaux de paille ou de foin, des insectes placés entre la paupière et l'œil ; le plus souvent des balles de graminées fixées sous la paupière ou sur le globe de l'œil.

On reconnaît la présence d'un corps étranger dans l'œil aux larmes qui en découlent, au gonflement des paupières, à la rougeur et à la sensibilité de l'œil. L'animal cherche constamment à se frotter l'œil, soit avec ses avant-bras, soit sur les objets environnants.

Premiers soins. — Fermer les paupières en appuyant légèrement pour faire accumuler les larmes qui peuvent entraîner le corps étranger; essayer d'enlever ce dernier avec la corne d'un linge fin, un papier roulé, une bague, l'extrémité arrondie d'une épingle à cheveux ou un pinceau. Appliquer ensuite sur l'œil, pour calmer l'irritation, des compresses d'eau froide ou imbibées d'une décoction de houblon ou de plantain.

Dans tous les cas, les manœuvres indiquées doivent êtres faites avec beaucoup de précaution et sans insister trop longtemps; en cas de non-réussite, au bout de quelques instants, faire demander le vétérinaire.

(Voir les articles spéciaux : *Corps étrangers dans l'œsophage, Clou de rue.*)

COURBATURE

La courbature ou surmenage s'observe à la suite d'une longue course faite avec rapidité ou d'un travail violent trop longtemps prolongé. Il se produit dans ce cas une sorte d'empoisonnement du sang, un commencement d'asphyxie.

Symptomes. — Le cheval ne mange pas, il est

immobile, les membres et l'encolure raides. Il est difficile de faire marcher l'animal qui semble fourbu des quatre pieds. La respiration est haletante, difficile; les yeux injectés de sang. Il y a des frissons de la peau qui est sèche et brûlante. Si le cheval urine, le liquide écoulé est rougeâtre, chargé.

PREMIERS SOINS. — Mettre le cheval au repos, dans une écurie aérée; frictionner le corps avec un chiffon de laine sec ou imbibé de vinaigre, sécher et couvrir le malade s'il est en sueur. Boissons rafraîchissantes, légers barbotages à petites doses; laver les naseaux à l'eau vinaigrée.

Si la respiration est trop gênée, la saignée sera utile. Faire prendre un breuvage composé d'une décoction de racine de chiendent légèrement salée. Lavements froids salés.

COURONNÉ

Vieux mot passé dans l'usage, qui indique la présence de plaie à la face antérieure du genou du cheval. Cette plaie résulte presque toujours d'une chute sur les genoux.

SYMPTOMES. — Les symptômes varient suivant la gravité de la plaie : dans certains cas elle est superficielle, dans d'autres, la peau est complètement détruite et l'ouverture laisse

voir les synoviales, les tendons, les os plus ou
moins attaqués. Dans le premier cas, la douleur est légère ou nulle; quand les synoviales
sont ouvertes, la marche est difficile, l'appui
presque impossible. L'hémorragie n'indique
pas toujours beaucoup de gravité.

PREMIERS SOINS. — Éviter l'exploration de la
plaie avec le doigt et les applications d'urines,
d'ardoise pilée, etc., qui ne sont que nuisibles.

Laver la plaie à l'eau fraîche, mettre le
cheval à la rivière si on peut, ou le doucher
longuement : enlever soigneusement, avec un
linge fin, les graviers, les caillots de sang qui
peuvent rester dans les anfractuosités de la
plaie.

Tamponner ensuite avec un morceau d'ouate
imbibé d'eau salée ou alcoolisée. Recouvrir
ensuite la plaie de charbon finement pulvérisé,
ou de sucre en poudre.

Si la douleur est grande, la marche difficile,
laisser aussitôt le cheval au repos et ne pas le
forcer à regagner son écurie, quand elle est un
peu éloignée. Si la synovie s'écoule n'employer
pour le lavage que de l'eau bouillie légèrement
salée.

Se méfier des nombreux spécifiques qui doivent guérir comme par enchantement tous les
chevaux couronnés et faire repousser le poil.

La plaie qui existe peut être plus ou moins complexe, et il n'y a pas lieu d'employer toujours le même médicament.

Ces produits, tant prônés à la quatrième page des journaux, ne sont pas dangereux par eux-mêmes, mais peuvent faire temporiser et laisser aggraver le mal : arthrite, synovite, décollement, etc.

CRAMPE

La crampe est la contraction d'une région musculaire avec dureté de cette partie et vive douleur.

Elle est souvent causée par un refroidissement.

Plusieurs auteurs réservent ce nom à la luxation de la rotule. Les deux lésions existent séparément, ce sont deux affections bien distinctes.

Crampe proprement dite.

SYMPTOMES. — La crampe survient brusquement, au repos, souvent à l'écurie, parfois pendant le travail. Elle atteint le plus souvent un des membres postérieurs ; on la voit cependant sur les muscles du dos, de l'avant-bras.

Tout à coup, le membre devient raide, infléchissable, les muscles sont durs, tendus. Si on déplace l'animal, il traîne le membre dont le sabot racle le sol. Dans certains cas, l'animal souffre beaucoup, le corps se couvre de sueur. Cet état peut durer un temps variable, entre quelques heures et un jour ou deux.

Premiers soins. — Frictions vigoureuses sur les muscles atteints, avec massage, exercice léger si c'est possible; chercher à faire plier le membre sans brusquerie, en fléchissant l'articulation. Faire des lotions à l'eau chaude.

Crampe de la rotule.

La crampe de la rotule est une luxation; elle est due à un relâchement des ligaments de la rotule, qui saute par-dessus la gorge de la poulie où elle est placée normalement.

Symptomes. — Le membre devient subitement raide, la pince est traînée sur le sol; la région du grasset est douloureuse à la pression et présente une déformation qui s'apprécie facilement en comparant la même articulation du membre opposé.

Premiers soins. — Essayer de remettre la rotule en place, ce qui se produit souvent en faisant reculer l'animal avec un peu de persistance ou en le faisant tourner en cercle, le membre lésé en dehors. Ne pas trop insister sur ces moyens, appliquer des compresses d'eau froide.

Quand même on parviendrait à réduire faci-

lement la luxation, l'animal a besoin de la visite
du vétérinaire pour empêcher le retour de l'accident qui a tendance à se reproduire.

CREVASSES

Tout le monde connaît ces plaies transversales
du pli du paturon, de la partie postérieure du
boulet, ou situées dans les plis du genou ou
du jarret.

Symptomes. — La région atteinte présente une
ou plusieurs fissures allongées transversale-
ment, elle est chaude, sensible, couverte d'un
suintement qui colle les poils. La boiterie est
plus ou moins accentuée, au départ surtout.

Premiers soins. — Éviter de faire la toilette
des membres pendant l'hiver, par les temps
humides surtout. Ne laver les paturons qu'à
l'eau chaude et les sécher aussitôt avec un
linge.

Pour soigner les crevasses, nettoyer la région
à l'eau de savon tiède, couper les poils à demi
longueur autour des plaies; lotionner à l'eau de
son ou de mauves tiède; appliquer du miel et
couvrir d'un petit pansement ouaté.

Tenir le cheval au repos si la boiterie est
forte.

DIARRHÉE

La diarrhée est due à une inflammation de l'intestin (entérite); elle est souvent précédée d'une période de constipation. Elle peut être provoquée par l'ingestion d'eau froide, d'aliments indigestes, de fourrages altérés, etc.

Symptomes. — Excréments liquides, muqueux, d'odeur plus ou moins prononcée. Souvent l'animal a de l'inappétence, de la fièvre, une soif vive, des coliques.

Premiers soins. — Mettre le malade au repos dans une écurie tempérée, le couvrir et envelopper le ventre avec des couvertures. Supprimer les aliments, présenter quelques barbotages, du lait, de l'eau de riz, de l'eau albumineuse faite avec quelques blancs d'œufs battus dans de l'eau fraîche. Faire un pansage soigné, des frictions sèches sous le ventre. Administrer au besoin un breuvage de décoction d'écorces de chêne, ou une infusion de feuilles de ronces légèrement alcoolisée.

Si la diarrhée est sanguinolente, appeler aussitôt le vétérinaire; en attendant, faire prendre une bouteille de limonade additionnée d'une cuillerée de vinaigre ou du jus d'un citron. Lavements tièdes à l'eau d'écorces de chêne.

ÉCHAUBOULURE

L'échauboulure, connue aussi sous le nom d'*ébullition*, est une congestion de la peau, semblable à l'urticaire de l'homme ; elle apparaît subitement, et n'est souvent que passagère. Elle est surtout produite par un refroidissement.

SYMPTOMES. — Elle s'annonce par l'apparition subite d'élevures, de boutons plus ou moins nombreux, qui siègent principalement aux épaules, aux côtes, à l'encolure. Parfois, plusieurs boutons se réunissent et forment des plaques qui surplombent la peau ; ces boutons sont inégaux, de 6 à 25 millimètres de diamètre environ. Sur ces plaques, on constate aussitôt que les poils sont hérissés ; si on appuie le doigt, il laisse sa trace. Quand l'échauboulure est généralisée, l'animal est triste, sans appétit, fiévreux, quelquefois, les membres postérieurs sont enflés.

La maladie est généralement bénigne, mais il y a lieu, dans certains cas, de craindre les complications du côté de la poitrine ou de l'intestin.

PREMIERS SOINS. — Frictionner légèrement les parties atteintes avec du vinaigre chaud. Faire prendre au malade un litre de café, ou d'infusion forte de tilleul. Couvrir l'animal, avec une bonne converture, le placer dans une écurie tempérée. Tenir le malade à la diète, ne donner que des barbotages salés, du lait ou une décoction de chiendent. Si les membres postérieurs sont engorgés, les frictionner à l'alcool et promener doucement le malade, si le temps le permet.

EMPOISONNEMENT

On nomme empoisonnement l'ensemble des désordres causés dans l'organisme par l'introduction des substances appelées *poisons ou toxiques*.

Les empoisonnements sont assez fréquents chez les animaux : par l'ingestion de plantes vénéneuses, par des médicaments mal administrés ou donnés à trop forte dose ; quelquefois l'empoisonnement est provoqué par une main criminelle. On peut observer des intoxications par les drêches, les tourteaux, les produits mélassés donnés en trop grande quantité, ou mal conservés.

Symptômes. — Quand un animal en bonne santé est pris tout à coup, quelque temps après un repas, de symptômes graves, effrayants, augmentant à chaque instant, on peut supposer qu'il est empoisonné. Ces symptômes varient suivant la nature et la dose du poison absorbé.

En général, l'animal perd l'appétit, la soif est vive, la bouche chaude, pâteuse ; il y a des nausées, des coliques plus ou moins fortes, des vents, de la diarrhée. La respiration est d'abord accélérée, puis tout à fait ralentie ; quelquefois, après une poussée de sueur, la peau devient froide, les forces s'épuisent, les yeux sont rouges, injectés de sang.

Les symptômes nerveux sont différents et opposés suivant que le poison est un narcotique ou un excitateur.

Premiers soins. — Quand on suppose un empoisonnement, et qu'on ignore la nature du poison, il y a une règle générale à observer : c'est de débarrasser l'estomac et l'intestin des matières qu'ils contiennent. Cette condition est difficile à remplir chez les grands animaux : le cheval ne vomit pas, le bœuf difficilement. Tâcher ensuite de neutraliser le poison absorbé. Le vétérinaire n'a donc à sa portée que la purgation, dont la nature doit varier suivant les cas.

Il faut, en outre, chercher à neutraliser le poison absorbé.

Dans tous les cas faire de la bonne hygiène : mettre l'animal au repos, dans une écurie tempérée. Ne pas saigner le malade, faire sur la peau des frictions soit avec de la paille, soit avec un linge imbibé d'eau sinapisée.

Les premiers contrepoisons à administrer sont : le *lait*, dont on peut faire absorber de force plusieurs litres, à quelques minutes d'intervalle, *l'eau albumineuse* (quatre blancs d'œufs par litre d'eau); l'eau gommeuse (30 grammes par litre); l'eau de guimauve ou de lin (60 grammes par litre).

Si on connaît la nature du poison, voici les premiers contrepoisons à administrer; on les a toujours sous la main :

POISONS	CONTREPOISONS
1° Acides sulfurique, nitrique, chlorhydrique, acétique, oxalique (eau de cuivre), phénique.	Breuvages d'eau de savon, d'eau de cendres, craie délayée, eau albumineuse, lait.
2° Poisons végétaux : ellébore, colchique, scille.	Café, thé alcoolisés, forte décoction d'écorce de chêne.
3° Potasse, soude, ammoniaque, chaux, eau de Javel.	Eau vinaigrée, jus de citron étendu d'eau, eau albumineuse.
4° Arsenic.	Lait, eau ferrée ou albumineuse.
5° Phosphore.	Lait, eau de chaux ou albumineuse.
6° Cuivre et ses composés, mercure.	Eau albumineuse.
7° Digitale.	Eau d'écorce de chêne.
8° Belladone, jusquiame, morelle, ciguë, tabac, aconit.	Boissons alcooliques, eau d'écorce de chêne, café.
9° Noix vomique, strychnine.	Sucre, eau d'écorce de chêne.
10° Pavot, opium, laudanum.	Café, eau d'écorce de chêne, frictions sèches.

Les empoisonnements alimentaires les plus fréquents sont causés par des levures, des moisissures, des eaux croupies, etc. Ils donnent lieu à des symptômes graves : prostration, inappétence, frissons, crottins coiffés suivis d'une diarrhée fétide.

Premiers soins. — Changer l'alimentation ; présenter souvent du thé de foin, du lait. Breuvage de café, de thé alcoolisés et salés. Frictions sinapisées sur tout le corps.

ENCHEVÊTRURE

L'enchevêtrure, ou *prise de longe*, est une plaie du pli du paturon, faite par la longe dans laquelle le membre du cheval s'est trouvé pris. La peau est sciée dans les efforts de l'animal pour se débarrasser.

C'est une plaie accompagnée de contusion, de meurtrissures ; elle peut être superficielle ou profonde.

Symptomes. — La plaie est transversale, généralement un peu oblique, la douleur est vive et occasionne une boiterie prononcée, même dans le cas d'excoriation simple. Quand la plaie est pénétrante, l'appui ne se fait plus, même au repos, et le membre est le siège de lancinations et d'un engorgement plus ou moins prononcé. Elle peut se compliquer de javart, de décollement de la peau, d'abcès.

PREMIERS SOINS. — Pour l'excoriation, placer un bandage imbibé d'eau froide salée. Dans les cas plus graves, bains de rivière prolongés ; cataplasmes de farine de lin alcoolisés, ou pansement avec un mélange consistant de miel et de fécule, ou de farine.

ENTORSES

Connue encore sous le nom d'*effort*, de *foulure*, l'entorse est un tiraillement, une déchirure des ligaments qui entourent et fixent les articulations, mais sans déplacement des os.

Les entorses sont fréquentes chez le cheval. Les plus communes sont : l'effort de boulet, l'écart de l'épaule, l'allonge de la cuisse, l'effort de rein.

Ces diverses entorses ont des symptômes particuliers et nécessitent un traitement spécial.

Effort de boulet.

Survient communément à la suite de faux pas, de glissade, de chute, efforts de tirage, mouvements violents pour dégager le pied pris dans un obstacle, etc.

SYMPTOMES. — Le boulet est sensible à la pression et au mouvement articulaire, un gonflement de la région survient rapidement. La boiterie est plus ou moins intense, suivant la gravité des lésions. La douleur donne des indications sur l'importance de l'accident. L'engorgement peut, au bout de quelques heures, remonter au-dessus du boulet qui devient chaud. Au repos, le membre se soustrait à l'appui qui se fait seulement sur la pince du pied ; le boulet fléchit en avant (bouleture).

PREMIERS SOINS. — Repos absolu. Les réfrigérants sont les premiers moyens à employer : bains de rivière, douches, bandages humides, prolongés le plus possible. Les lotions à l'eau très chaude, amenée progressivement à 45 ou 50 degrés, donnent aussi de bons résultats. Masser l'articulation en pressant de bas en haut, d'abord avec les pouces, en prenant un point d'appui sur le tendon avec les autres doigts, puis avec la paume des mains.

Appliquer ensuite autour du boulet un pansement fait avec de l'étoupe imbibée d'eau salée et serré fortement avec une bande de toile enroulée en commençant par le bas. Éviter les applications vésicantes (feux, onguents, etc.) avant la visite du vétérinaire.

Écart de l'épaule.

Vulgairement, on désigne sous ce nom une lésion de l'épaule déterminant une boiterie ;

c'est une distension des muscles qui attachent l'épaule à la poitrine, lésion qui accompagne toujours le véritable écart, qui, pour certains auteurs, serait une luxation.

L'écart de l'épaule, même compris dans le sens le plus restreint, est beaucoup moins fréquent qu'on semble le penser généralement.

L'écart ne peut être produit que par une forte contusion, une chute, une embarrure ou une glissade violente.

J'ai souvent vu des chevaux *opérés de l'écart* par des spécialistes peu scrupuleux, atteints de boiterie causée par des bleimes, des formes, de l'encastelure, et même par un clou dans le pied! Le proverbe arabe cité par M. Galtier dans son livre récent : « Si ton cheval boite de l'épaule, regarde dans le pied », a souvent raison.

Symptomes. — Dans l'écart, il y a une gêne prononcée des mouvements de l'épaule qui, pendant la marche, semble soudée au corps (épaule chevillée). Les mouvements de cette région sont manifestement douloureux quand le membre est tiré en avant ou en arrière ; il peut y avoir un engorgement chaud, sensible. Souvent, au pas comme au trot, le membre est porté en dehors : on dit que l'animal fauche.

Le cheval boiteux de l'épaule souffre plus

deux longes. Frictions de vinaigre chaud sur les reins.

ÉPILEPSIE

L'épilepsie, appelée encore *haut mal, mal caduc, mal sacré*, est une maladie du cerveau, de nature chronique, et dont les accès sont intermittents. Elle est souvent héréditaire.

Symptomes. — L'accès a lieu le plus souvent pendant le travail, quelquefois, mais rarement, à l'écurie. L'animal tremble, est inquiet; les membres sont agités. Tous les muscles sont contractés. Quelques instants plus tard, le malade chancelle, tombe sur le sol en se débattant; les yeux sont hagards, roulent dans l'orbite; la mâchoire, l'encolure, les membres sont secoués de mouvements convulsifs; une salive abondante, mousseuse, s'écoule de la bouche. Le plus souvent, il y a émission d'urine et de crottins.

L'accès peut durer de quelques minutes à une demi-heure.

Premiers soins. — Dételer l'animal aussitôt, pour éviter la chute; le placer dans un endroit où le sol soit assez mou pour éviter les contutions, enlever tous les harnais. Garantir le malade des chocs violents. Si la langue est pendante, la rentrer dans la bouche afin d'empêcher sa section par les dents. Asperger la tête avec de l'eau froide ; laver les naseaux avec un peu de vinaigre.

Après un premier accès, consulter le vétérinaire ; il y a à distinguer l'épilepsie proprement dite, incurable dans la majorité des cas, et l'épilepsie vermineuse qui peut céder à un vermifuge.

ÉPONGE

On nomme éponge une inflammation de la pointe du coude occasionnée par le frottement de la branche interne du fer chez les chevaux qui se couchent en pliant le membre antérieur (coucher en vache).

Symptômes. — Grosseur plus ou moins volumineuse, chaude, sensible, se développant au coude ; molle au début, elle s'indure ensuite. Elle ne produit que rarement une boiterie, quand l'inflammation gagne les parties voisines.

Premiers soins. — Faire rogner la branche interne du fer et l'arrondir. Attacher le cheval au râtelier pour l'empêcher de se coucher pendant quelques jours ; sinon, envelopper le sabot ou placer un gros bourrelet au-dessus du genou.

Donner plusieurs fois par jour une douche froide en pluie sur la région ; faire des lotions

fréquentes avec une décoction d'écorces de
chêne ; appliquer un emplâtre au blanc d'Espagne vinaigré.

Ne pas interrompre le service s'il n'y a pas de
boiterie. On ne ponctionnera pas soi-même
l'éponge, surtout au début.

FIÈVRE VITULAIRE

Désignée encore sous le nom de fièvre de
lait, fièvre puerpérale, la fièvre vitulaire est
une maladie grave, subite, qui affecte les vaches nouvellement vêlées, et due à une infection. Elle atteint plus particulièrement les
vaches grasses et les bonnes laitières.

Symptômes. — La fièvre vitulaire se déclare
de 2 heures à 5 à 6 jours après le vêlage. La
vache perd l'appétit, ne rumine plus ; elle est
agitée, inquiète ; des tremblements surviennent dans les membres, qui vacillent. La malade finit par se coucher ou tomber sur sa
litière. Là, les symptômes s'aggravent encore :
la torpeur, l'anéantissement surviennent ; l'œil
est terne, enfoncé ; la bouche laisse écouler
une bave filante ; les excréments et l'urine ne
sortent plus. La tête est ramenée sur les côtes
comme par un ressort et reprend aussitôt sa
place si on cherche à la redresser. La sécrétion
du lait est arrêtée. Quelquefois, les périodes de

stupeur font suite à une agitation convulsive. Les cornes, les oreilles, le bas des membres sont froids.

Premiers soins. — Cette affection étant très grave et causant souvent la mort, il y a lieu d'agir vite et de prévenir le vétérinaire dès les premiers prodromes.

En attendant : placer à la nuque, autour des cornes, un linge spongieux ; sur les reins, un autre linge épais (un sac plié en quatre) ; ces deux linges seront arrosés de cinq minutes en cinq minutes, sans discontinuer. Faire prendre à la vache un breuvage composé d'infusion de camomille ou de tilleul (un litre) avec une poignée de sel marin. Inutile de faire une saignée. Frictionner les membres avec de l'eau sinapisée ou du vinaigre chaud.

Donner chaque quart d'heure un lavement froid à l'eau de savon salée. Traire souvent la mamelle, même si on ne retire que quelques gouttes de lait. Les injections on insufflations dans la mamelle qui sont un traitement de choix, doivent toujours être faites par le vétérinaire en raison des précautions qu'elles comportent.

FOURBURE

En terme usuel, le mot fourbure indique une

grande fatigue du cheval. Spécialement, la fourbure est une congestion du tissu vivant du sabot. Le plus souvent, cette affection se déclare sur des chevaux surmenés, ayant fourni une grande course ou de grands efforts de tirage ; mais elle peut survenir sans cette cause, sur le cheval au repos, surtout chez les animaux fortement nourris. Elle peut apparaître à la suite de maladies graves.

SYMPTOMES. — Le cheval fourbu est triste, sans appétit, respire difficilement ; la face est grippée, indique la souffrance ; les yeux rouges, injectés ; les reins inflexibles, la marche difficile ou même impossible.

La fourbure peut siéger sur un ou plusieurs membres. Si les deux membres antérieurs sont atteints, l'animal les porte en avant, les membres postérieurs sont placés sous le corps. Si ce sont, au contraire, les membres postérieurs, l'animal laisse les membres antérieurs engagés sous le corps. Si les quatre pieds sont fourbus, la station est difficile, le cheval cherche à se coucher et se relève avec peine.

Dans tous les cas, l'appui se fait sur les talons ; les sabots sont chauds, sensibles à la moindre percussion. Tous ces symptômes sont plus ou moins accusés suivant l'intensité de la maladie et la sensibilité de l'animal.

PREMIERS SOINS. — La saignée est ici très

utile, mais il vaut mieux attendre que de la faire faire par une main inexpérimentée. L'eau froide est d'un grand secours : bains de rivière, compresses sur les sabots. Si la rivière fait défaut, creuser un trou dans une cour, une écurie, et le remplir d'eau pour y placer l'animal ; il suffit que le sabot soit baigné. On peut aussi placer le malade sur un lit de terre grasse ou de sciure de bois mouillées.

Une légère promenade est utile avant le bain.

À l'écurie, pour la nuit, entourer les pieds avec de la terre grasse délayée avec de l'eau vinaigrée, arroser cette terre de temps en temps. Frictionner les épaules et les cuisses avec du vinaigre chaud ou de l'essence de térébenthine. Administrer quelques lavements froids à l'eau de savon ou de son. Mettre le malade à la diète, lui présenter seulement quelques barbotages salés. Avoir soin de ne pas déferrer le cheval, comme on le fait souvent ; on augmente ainsi la douleur de l'appui ; se contenter de retirer quelques clous pour desserrer le pied.

FRACTURES

Toutes les fois qu'un os est rompu, il y a ce qu'on appelle une fracture. C'est un accident assez fréquent chez les animaux.

Chez le cheval et le bœuf, il n'y a pas souvent d'intérêt à traiter cette lésion, dans les parties supérieures des membres surtout : le traitement est long, coûteux, incertain. Les fractures de la cuisse et du bras nécessitent toujours l'abatage de l'animal pour la boucherie. En cas de fracture, la présence du vétérinaire est néanmoins le plus fréquemment nécessaire pour voir s'il y a réellement fracture ; diverses lésions des tendons, des muscles, peuvent simuler une fracture et sont, dans la plupart des cas, guérissables économiquement. Il ne faut donc pas se hâter d'abattre l'animal, dans la crainte d'une erreur de diagnostic.

Symptomes. — La fracture en général, celle des membres surtout, est reconnaissable à une déformation de la région, une grande sensibilité du point fracturé, une mobilité anormale du membre ; souvent, on peut entendre le crépitement des deux morceaux de l'os qui frottent l'un sur l'autre au moindre mouvement.

Premiers soins. — Presque toujours, un accident de cette nature arrive à un animal loin d'une écurie et surtout loin de la demeure de son maître : il faut donc transporter le blessé. Autant que possible, le faire visiter sur place par le vétérinaire.

Immobiliser d'abord, le mieux possible, la région fracturée à l'aide de bandes, de sacs entourés par des surfaix, des sangles. Transporter l'animal en voiture et toujours debout ; les voitures les plus commodes sont les voitures spéciales des bouchers pour le transport des animaux ; à défaut, se servir d'un camion bas à quatre roues, garni de ridelles. La charrette ordinaire peut être utilisée en se servant d'un tas de fumier comme plan incliné. Fixer solidement l'animal à l'aide de sangles, de sous-ventrières fixées de chaque côté des ridelles. Faire descendre le blessé avec précaution, le placer, à l'écurie, dans une stalle étroite et l'attacher au râtelier pour l'empêcher de se coucher ; passer des courroies sous le ventre pour le soulager ; creuser un peu le sol, ou ôter la litière sous le membre fracturé pour éviter l'appui.

Ces instructions suivies, arroser la région et la tenir constamment couverte de compresses froides, ou faire un bandage à l'aide de mousseline de rideaux imbibés de plâtre délayé.

Le vétérinaire fera le reste, s'il y a lieu.

HÉMATURIE

L'hématurie (ou pissement de sang) est un symptôme des affections des reins, de la vessie, ou des canaux urinaires.

Symptomes. — L'urine est trouble, émise avec

plus ou moins de difficulté ; elle est chargée, mélangée à de petits caillots de sang. Parfois elle est franchement sanguinolente ou couleur de café.

PREMIERS SOINS. — Éviter les refroidissements ; couvrir le malade, le bouchonner longuement, l'envelopper de couvertures. Nourriture rafraîchissante : barbotages à l'eau de graine de lin, au chiendent légèrement salés, lait froid. L'émission d'urine couleur café est souvent accompagnée de paralysie (voir ce mot).

HÉMORRAGIES

On appelle hémorragie la sortie au dehors du sang contenu dans les vaisseaux. On distingue : l'hémorragie externe et l'hémorragie interne.

Hémorragie externe.

C'est la plus commune, elle n'a pas besoin d'être définie. Si le sang est de couleur foncée, il vient d'une veine ; si, au contraire, il est rutilant, s'il sort par saccade, c'est une artère qui est sectionnée ; ce cas est plus grave.

Si la perte de sang est faible, en nappe, il suffira le plus souvent de laver la plaie à l'eau fraîche pure ou alcoolisée, d'appliquer une compresse. Éviter les toiles d'araignées, qui sont toujours couvertes de poussières dangereuses.

Si le sang est abondant, comprimer quelques instants avec le doigt, avec un morceau d'amadou qu'on fixe ensuite avec quelques tours de bande, si la région s'y prête; la compression sera d'autant plus forte que l'hémorragie est plus abondante. Faire des lotions avec de l'eau à 45 ou 50 degrés.

Si le sang ne s'arrête pas et que la plaie siège à un membre, employer le lien circulaire serré avec un bâton faisant le moulinet. Si le vaisseau rupturé fait saillie dans la plaie, le lier avec un morceau de fil ou de soie. Dans certains cas, cautériser la plaie au fer rouge qui laisse une eschare obstruant l'artère ou la veine. Dans les cas graves, donner à l'intérieur une infusion forte de bourgeons d'arbres, principalement ceux de sapins et de pins, fortement alcoolisée.

Les hémorragies externes les plus fréquentes chez les animaux sont : celles occasionnées par les blessures, l'épistaxis ou saignement de nez et l'hémorragie de l'utérus.

SAIGNEMENT DE NEZ. — Survient à la suite de coups sur le chanfrein, d'une course violente, d'un grand effort de tirage, de la présence de tumeurs dans le nez. Il accompagne certaines maladies et surtout la morve.

Tout cheval atteint d'épistaxis doit être visité pour cette cause par le vétérinaire.

PREMIERS SOINS. — Mettre l'animal au repos, le débarrasser de ses harnais, faire des affusions d'eau froide sur la tête, insuffler dans les naseaux de la poudre de charbon ou de tan. Faire dans les narines des injections d'eau salée très chaude, poussées lentement.

HÉMORRAGIE DE L'UTÉRUS. — Se produit à la suite de coups, d'avortement, de parturition difficile, de manœuvres maladroites pendant l'accouchement, la délivrance, etc.

PREMIERS SOINS. — Injections chaudes avec une décoction d'écorces de chêne ; lavements et breuvages acidulés avec du vinaigre. Administrer 2 ou 3 litres de café additionné d'eau-de-vie. Frictions révulsives sur les membres et les reins.

Hémorragie interne.

L'épanchement du sang a lieu dans le péritoine, la plèvre, le péricarde, l'intestin. Cette hémorragie s'observe pendant des efforts violents, des contusions de l'abdomen ou de la poitrine, à la suite de coliques.

SYMPTÔMES. — Si l'écoulement du sang à l'intérieur est considérable, l'animal est triste, abattu ; la respiration est gênée ; les yeux, les gencives, la langue deviennent blancs ; le malade est atteint de coliques sourdes.

Ces hémorragies sont plus ou moins graves,

suivant le calibre du vaisseau rupturé et l'organe où se fait l'épanchement sanguin.

Premiers soins. — La tranquillité du malade est la première condition à remplir; autant que possible, l'animal ne sera pas déplacé; on lui administrera des breuvages froids acidulés, puis une décoction de bourgeons. Lavements froids vinaigrés ou très chauds. Frictions révulsives aux membres.

HERNIES

On appelle hernie ou *effort* le déplacement d'un organe interne qui sort de sa cavité naturelle. Vulgairement, le mot s'applique à la sortie de l'intestin, qui est la plus commune. Elle se produit à la suite d'un travail violent, de coups, de chutes, de ruades.

Les hernies les plus fréquentes chez les animaux sont : la hernie inguinale, la hernie ombilicale, la hernie ventrale.

Hernie inguinale.

C'est la descente de l'intestin dans les bourses. Elle est le plus souvent *étranglée* et met la vie de l'animal en danger immédiat.

Symptômes. — Les bourses ne sont pas, comme on pourrait le croire, augmentées de volume; le cordon testiculaire seul est épaissi. La hernie étranglée cause des coliques qui augmentent peu à peu et qui présentent quelques signes particuliers : l'animal *encense*, il élève et baisse la tête successivement ; de temps en temps, il prend la position du chien assis sur son train de derrière ou se met sur le dos ; il reste quelques instants dans ces positions qui lui procurent un soulagement de quelques minutes.

PREMIERS SOINS. — La présence immédiate du vétérinaire est ici nécessaire pour opérer la réduction de la hernie.

En attendant : promener doucement le cheval qui ne demande qu'à marcher ; lui donner des lavements à l'eau de savon froide ; faire des applications de compresses froides sur la région des bourses ou doucher avec un jet modéré.

Hernie ombilicale.

La hernie ombilicale résulte du passage de l'intestin dans l'anneau ombilical (nombril). Se voit fréquemment sur les jeunes sujets.

Elle peut se produire naturellement ou accidentellement, à la suite de coups, de sauts, de constipation opiniâtre.

SYMPTÔMES. — Une tumeur molle, élastique, se refoulant sous le doigt, existe au nombril. La grosseur de la tumeur peut varier du diamètre d'une noix à celui des deux poings.

PREMIERS SOINS. — Si la hernie est petite et siège sur un jeune animal, ne pas se presser d'intervenir, la guérison peut se produire seule après le sevrage.

Si, au contraire, elle est volumineuse, subite, les premiers soins à donner sont ceux de la hernie ventrale. Le traitement rationnel (bandage permanent, caustiques, casseaux ou suture) doit être fait par le vétérinaire quand il le juge à propos.

Hernie ventrale.

La hernie ventrale est la sortie d'un organe, presque toujours de l'intestin, par une ouverture accidentelle des parois du ventre. Elle résulte de chocs, de coups de pied ou de corne, d'embarrure. Quand la peau est sectionnée et l'intestin à nu, il y a *éventration*.

SYMPTOMES. — Après l'accident, il survient à l'endroit touché une tumeur molle, fluctuante, qui rentre sous la pression de la main. Quelques instants après survient un gonflement plus ou moins considérable, chaud, douloureux.

PREMIERS SOINS. — Se garder de confondre avec un abcès et de ponctionner. Pour que le traitement ait quelque chance de succès, il faut agir vite et quérir le vétérinaire au plus tôt,

En attendant : faire des affusions d'eau fraîche sur la tumeur, placer dessus des compresses recouvertes d'une planchette ou d'une plaque de carton fort, entourée d'un linge fin et fixée à l'aide d'un bandage (sangles, surfaix).

ICTÈRE

L'ictère (ou jaunisse) est un signe d'une affection du foie ou des voies biliaires : congestion, obstacle à l'écoulement de la bile; il survient souvent dans le cours des maladies infectieuses.

Symptômes. — L'animal est triste, somnolent, il ne mange pas; les crottins sont secs, coiffés; l'urine est visqueuse et colorée; la bouche sèche, chaude, exhale une odeur fade. Les muqueuses sont colorées en jaune, on le remarque surtout aux yeux et aux gencives.

Premiers soins. — Repos absolu dans une écurie chaude. Régime aux barbotages légèrement salés, à la farine d'orge, au son, à la graine de lin; carottes crues ou cuites, fourrages verts en petite quantité si la saison le permet. Faire des frictions sinapisées sous le ventre, donner quelques lavements froids savonneux.

JAVARTS

On nomme javart la mortification de certains tissus du bas des membres, due le plus souvent à une crevasse ou une plaie négligée. Il est plus fréquent par les temps humides où la boue irrite la peau et l'infecte.

Suivant la région envahie, on a le javart *cutané*, *tendineux*, *encorné* ou *cartilagineux*.

Tous nécessitent la présence du vétérinaire, car il peut survenir des lésions graves, immobilisant longtemps l'animal et pouvant mettre sa vie en danger.

Symptômes. — L'endroit atteint est tuméfié, sensible, chaud; la boiterie est plus ou moins accentuée; la peau se ramollit, devient froide, humide, suintante; un sillon se forme et délimite une portion gangrenée baignant dans du pus odorant.

Premiers soins. — Couper les poils et nettoyer soigneusement la région à l'eau tiède savonneuse. Donner des bains locaux tièdes à l'eau de mauves ou de son, additionnés d'un peu d'eau de Javel; toucher la plaie avec de l'eau-de-vie, saupoudrer de charbon pulvérisé ou de poudre de tan, recouvrir d'un pansement ouaté.

LUXATIONS

La luxation est la séparation brusque ou insensible de deux os dans leur jointure; on l'appelle communément un déboîtement.

Elle a lieu à la suite de coups violents, de chutes, d'efforts musculaires, de glissade.

Cet accident, comme la fracture, entraîne souvent l'abatage des grands animaux, mais le diagnostic est difficile et nécessite la présence du vétérinaire pour éviter une erreur irrémédiable.

SYMPTOMES. — La partie luxée dévie de sa direction normale; les mouvements de l'articulation sont impossibles; le membre est raccourci ou allongé suivant que l'extrémité de l'os a sauté en dessus ou en dessous de l'articulation; la région est déformée; un gonflement plus ou moins fort survient presque aussitôt. (Pour tous ces signes, comparer avec le membre sain.)

PREMIERS SOINS. — Employer les mêmes précautions qu'en cas de fracture pour transporter l'animal. Tenir sur l'articulation luxée des compresses imbibées d'eau salée constamment renouvelées, ou doucher longuement.

Éviter les tentatives infructueuses de réduction qui sont dangereuses, et les frictions irritantes qui pourraient gêner le diagnostic du vétérinaire.

MAMMITE

Suivant les régions, cette affection est connue sous différents noms (frisson, araignée, etc.). Elle consiste dans une inflammation de la mamelle ou pis. Elle est très fréquente chez la vache et, si elle n'est pas soignée au début, peut amener de graves désordres ou tout au moins la diminution ou la disparition du lait.

Symptomes. — L'inflammation est plus ou moins vive et peut atteindre un ou plusieurs quartiers du pis. Le premier signe qui l'annonce est la diminution du lait, puis la mamelle augmente de volume, est chaude, sensible, rouge. Les membres postérieurs sont tenus écartés, pour ne pas comprimer l'organe malade. Le lait disparaît ensuite du trayon enflammé et est remplacé par une sérosité souvent jaunâtre, d'autres fois mêlée de sang.

La fièvre est assez forte, l'appétit disparaît.

Premiers soins. — Traire le trayon malade 8 ou 10 fois par jour, mais avec précaution, pour enlever la sérosité. Savonner soigneusement à l'eau tiède et sécher ensuite avec un linge fin. Placer aussitôt la mamelle dans un gros cataplasme chaud de feuilles de mauve, de bouillon blanc. Ce cataplasme se place facilement à l'aide d'un grand linge plié en fichu dont les extrémités sont attachées par des cordes qui viennent se fixer sur le dos, l'une d'elles passant entre les cuisses pour rejoindre les autres.

Ce cataplasme agit en même temps comme suspensoir et calme doublement la douleur. Faire une bonne litière douce et propre, tenir la malade chaudement, la couvrir d'une grande couverture qui tombe jusqu'aux jarrets. Si l'appétit est conservé, supprimer le foin et donner seulement quelques barbotages tièdes. Quand le veau tette, l'éloigner quelques jours de la mère si l'inflammation est vive.

Ne pas chercher à déboucher le trayon avec une aiguille à tricoter. Éviter les graisses, les pommades de commères ; le traitement doit varier suivant les cas et surtout la période de la maladie.

MÉTÉORISATION

L'indigestion gazeuse du rumen, appelée aussi météorisation, ballonnement, tympanite et vulgairement enflure, est une affection due à la production subite et considérable de gaz dans le premier estomac de la vache, et caractérisée par le volume et la distension de l'abdomen.

Symptômes. — Le premier est la tension subite et considérable du flanc gauche, qui souvent remonte au-dessus de l'épine dorsale. Dès le début, l'animal cesse ordinairement de manger, il est triste, agité. Au bout de quelques instants, les coliques surviennent; la vache trépigne des pieds de derrière, rousse le dos, lève la queue, fait quelques efforts. Puis la respiration devient gênée, la langue pend hors de la bouche, les naseaux sont dilatés, les yeux sortent de la tête. Si les gaz augmentent la malade fait entendre des plaintes, des gémissements ; la sueur perle aux oreilles.

C'est alors que, si les secours n'arrivent pas aussitôt, l'animal reste immobile, stupéfié, tombe sur le sol et succombe dans les convulsions.

L'invasion est toujours subite, la marche rapide ; la mort peut survenir en une demi-heure, quelquefois en beaucoup moins de temps.

Premiers soins. — En attendant le vétérinaire qui devra être prévenu aussitôt, promener doucement la malade si le temps le permet ; frictionner vigoureusement le flanc gauche et le ventre. Faire avaler un peu brusquement, à grandes gorgées, un litre d'eau salée (300 grammes de sel dans un litre d'eau froide). Si le flanc ne baisse pas, recommencer cinq ou dix minutes après. En cas d'urgence, continuer le traitement par 2 ou 3 litres d'eau froide, alcoolisée (un grand verre d'eau-de-vie par litre d'eau) donnés chaque quart d'heure.

Se défier des diverses liqueurs météorifuges vendues dans les campagnes ; elles sont à base d'ammoniaque, rendent la viande impropre à la consommation et brûlent la bouche et la gorge des animaux.

Enfin, en cas de mort imminente, quand la vache se laisse tomber, ne pas hésiter à donner, au milieu du flanc gauche, un coup de couteau, introduire aussitôt dans l'ouverture un morceau de sureau, un entonnoir ou un tube quelconque pour favoriser la sortie des gaz. Le trocart, quand on l'a sous la main, est préférable. C'est peut-être le seul cas où l'on doit faire de la chirurgie d'urgence avec nécessité.

MÉTRITE

La métrite est l'inflammation de la muqueuse de l'utérus (ou matrice). Elle est due souvent à un accouchement laborieux, ou fait par des mains brutales ou inexpérimentées ; elle peut être la complication d'un état infectieux ou la suite d'une mauvaise délivrance. La métrite peut devenir grave et se compliquer de septi-cémie ou de péritonite mortelle.

Symptômes. — La malade est inquiète, elle se couche, se relève continuellement sans trouver une position convenable ; elle manifeste de légères coliques. Le ventre est tendu, sensible ; la marche est douloureuse ; la fièvre est vive. Un liquide muqueux, purulent ou sanieux, d'odeur fétide, s'écoule de la vulve.

Premiers soins. — Si la malade a conservé un peu d'appétit, donner des boissons émollientes tièdes. Faire une bonne litière, tenir l'étable propre et aérée. Couvrir l'animal. Laver les organes génitaux plusieurs fois par jour à l'eau bouillie et au savon. Faire dans le vagin des injections chaudes d'eau additionnée d'eau de Javel, ou avec une décoction de feuilles de noyer. Lavements chauds à l'eau salée. Frictions sinapisées ou au vinaigre chaud sous le ventre et sur les reins. Donner des breuvages de thé, de café alcoolisés.

MORSURES

Les morsures sont des plaies avec contusion, déchirure ou arrachement, faites par la dent des animaux. Elles se compliquent souvent d'abcès. Le traitement des morsures simples est le même que celui des plaies en général.

Morsures venimeuses.

Les plus importantes à examiner sont celles de la vipère et du chien enragé.

MORSURE DE LA VIPÈRE. — Elle est fréquente sur le chien, dont elle peut entraîner la mort. Sur les grands animaux, les effets sont moins terribles, la mort ne survient qu'exceptionnellement.

SYMPTOMES. — Cette morsure est indiquée par deux petites plaies côte à côte, faites par les crochets à venin. Les bords des plaies enflent, se couvrent d'ampoules ; l'engorgement gagne peu à peu les parties environnantes. Parfois, la peau devient froide ; l'animal est triste, l'appétit disparaît ; la fièvre est plus ou moins vive.

Le danger de la piqûre varie suivant les contrées, les saisons, et surtout la quantité du venin injecté.

PREMIERS SOINS. — Débrider les plaies, faire saigner en pressant fortement autour. Si la plaie siège à un membre, le serrer avec un lien circulaire au-dessus de la piqûre. Laver soigneusement avec de l'alcool, de l'eau-de-vie, de l'eau de Cologne ou du vinaigre. A l'intérieur, donner des boissons alcooliques chaudes. Il est bon d'appliquer sur la plaie, si la région le permet, une ventouse improvisée avec un verre contenant un morceau de papier allumé.

MORSURE D'ANIMAUX ENRAGÉS. — Il est utile de connaître les manifestations de la rage chez le chien et chez les bovidés.

En voici les principaux symptômes : au début, le chien change d'humeur, devient triste et se cache dans les coins ; puis il est inquiet, aboie sans motif, comme après des êtres imaginaires ; l'œil est déjà hagard. Pendant ce temps, l'animal est encore doux, affectueux. Se souvenir que le chien n'est pas hydrophobe, qu'il n'a pas horreur de l'eau. Un peu plus tard, le besoin de mordre se fait sentir, il mange du bois, de la paille, de la terre, etc... Souvent, il gratte sa gorge avec sa patte, comme si un os était arrêté.

La voix change, c'est un cri rauque, terminé par un hurlement saccadé. La sensibilité s'émousse ; l'irritation est grande à la vue d'un autre chien. A cette période, le chien enragé fuit généralement la maison de son maître. L'état furieux se déclare, le chien a une physionomie féroce, il mord tout ce qu'il peut, mais surtout ses semblables. Il y a des moments de calme quand l'animal est épuisé. La mort survient par asphyxie, mais, jusqu'au dernier moment, l'instinct de mordre persiste et il faut redouter l'approche du chien.

Les animaux de l'espèce bovine sont plus

souvent atteints de la rage qu'on ne le pense généralement ; la maladie reste souvent inconnue car les symptômes sont trompeurs.

Tenir toujours pour suspecte de rage et faire visiter par un vétérinaire toute vache présentant les symptômes suivants : coliques persistantes sans rejet d'excréments, difficulté d'avaler, salivation, beuglements la nuit, boiterie sans cause apparente.

PREMIERS SOINS. — Après la morsure du chien enragé, repousser les remèdes nombreux des commères et des empiriques qui font perdre un temps précieux. Les secours doivent être rapides et énergiques. Si la morsure se trouve sur un membre, serrer fortement au-dessus de la morsure avec une corde, un mouchoir, un lien quelconque ; débrider largement la plaie et faire saigner abondamment ; placer une ventouse avec un verre et un papier enflammé ; opérer la succion à l'aide d'un verre de lampe, laver à l'alcool ou à l'extrait pur d'eau de Javel pendant qu'on fera rougir au feu un morceau de fer qui servira à cautériser profondément la plaie.

Se souvenir que l'ammoniaque (alcali), souvent recommandé, n'a ici qu'un pouvoir caustique insuffisant.

OBSTRUCTION DE L'ŒSOPHAGE

Cet accident peut se produire chez le cheval, mais il est beaucoup plus fréquent chez le bœuf. C'est le plus souvent un navet, une betterave, une pomme de terre, un fruit qui est avalé sans être broyé par les dents, et qui reste en route.

SYMPTOMES. — Généralement, le gardien ou le conducteur a vu la préhension du corps étranger. On remarque presque aussitôt les mouvements de la tête et de l'encolure ; de la toux quinteuse ; une bave abondante qui sort de la bouche et du nez. Si l'animal cherche à manger, il rejette aussitôt le peu d'aliment qu'il a pris. La respiration est gênée, le rumen ballonné.

PREMIERS SOINS. — Faire avaler, à petites gorgées, de l'huile ou de l'eau de graine de lin, un œuf battu dans l'eau. Essayer par de douces pressions de faire remonter le corps s'il est indiqué par un renflement anormal sur le côté gauche de l'encolure.

Éviter le repoussement, qui doit être fait par une main habile, et surtout l'écrasement avec deux maillets de bois, qui peuvent produire des accidents irrémédiables. En cas de ballonnement menaçant la vie de l'animal, faire la ponction du rumen (voir *Météorisation*).

PALPITATIONS

Battements tumultueux du cœur qu'on peut entendre quelquefois à distance. Si le trouble est continu, il vient d'une maladie de cœur; le plus souvent, il est passager et survient après une longue course, un violent effort de tirage. S'observe surtout chez les bêtes nerveuses.

Symptômes. — L'affection survient tout à coup, la respiration est accélérée; le choc du cœur s'entend facilement auprès de l'animal, il est senti par la main placée le long des côtes et des deux côtés de la poitrine. Malgré ces symptômes qui effraient parfois, l'animal paraît en bonne santé, conserve sa gaîté, cherche à manger et à boire. Généralement, les palpitations nerveuses ne sont pas graves et disparaissent au bout de quelques heures, trois ou quatre jours au plus. Il importe néanmoins de faire visiter le sujet par un vétérinaire, qui seul pourra se rendre compte s'il existe une maladie de cœur et prescrire un traitement nécessaire.

Premiers soins. — Mettre l'animal au repos dans une écurie fraîche, aérée; le bouchonner légèrement, lui laver les naseaux avec un peu d'eau vinaigrée. Faire prendre un litre d'infusion forte de feuilles d'oranger. Placer des compresses froides sur les côtes du côté gauche.

Présenter un léger barbotage. Éviter la saignée, les frictions irritantes qui tourmenteraient le malade.

PARALYSIES

La paralysie est l'abolition plus ou moins complète des facultés de sentir ou de mouvoir. Il peut y avoir disparition ou diminution soit du mouvement, soit des sensations, soit des deux en même temps, dans une partie du corps ou dans tous les muscles. La paralysie peut être un signe de maladie ou la maladie elle même.

Elle se produit à la suite de contusion, d'écrasement des nerfs, leur compression par une tumeur, un épanchement; d'autres fois, elle est le résultat d'une infection (fièvre typhoïde).

C'est une affection toujours grave, qui nécessite un prompt traitement.

Les paralysies les plus communes chez les animaux sont :

1° *Paralysie générale.*

Assez rare, elle est produite par une lésion grave du cerveau.

Symptomes. — Elle débute plus ou moins subitement.

L'animal tremble, écarte les membres, tombe ;

les yeux sont ternes, immobiles, la respiration est pénible. Les oreilles et les extrémités sont froides. Les membres, si on les déplace, restent dans la position où on les met. La mort survient presque toujours assez rapidement, malgré le traitement.

PREMIERS SOINS. — Essayer les frictions révulsives : moutarde, vinaigre chaud, essence de térébenthine.

2° *Paralysie de deux membres du même côté.*

Connue sous le nom d'hémiplégie; est assez fréquente chez les animaux.

SYMPTÔMES. — Les symptômes viennent graduellement : la tête se porte du côté resté sain ; la station debout est difficile, la marche impossible. Dans la période avancée, l'animal tombe sur le côté et ne peut se relever. L'oreille du côté malade est basse, les lèvres retirées du côté sensible.

Quelquefois, dans cette position, les malades cherchent à manger, ce qu'ils ne peuvent faire que difficilement, la moitié de chaque lèvre étant inerte. La sensibilité du côté malade peut être conservée, dans certains cas même augmentée.

C'est une maladie grave, souvent incurable.

PREMIERS SOINS. — Frictions énergiques sur

le côté malade, à sec d'abord, puis avec de l'alcool, de l'eau sinapisée ou du vinaigre chaud. Saignée. Lavements froids. Bonne litière.

3° *Paralysie des deux membres postérieurs.*

Appelée paraplégie; est la plus fréquente. C'est une maladie toxi-infectieuse, d'origine intestinale, se produisant subitement, quelques instants après la sortie de l'écurie.

Elle survient sur les chevaux bien nourris, restant au repos pendant quelques jours sans modification de la ration; le refroidissement joue un certain rôle.

Symptomes. — L'animal, tout à coup, soit pendant le travail, soit au repos, est pris de tremblements; le corps se couvre de sueur. Un ou les deux membres fléchissent, la pince est traînée sur le sol. La respiration est pénible, la physionomie exprime la souffrance; le nez est grippé, les naseaux dilatés, les yeux rouges. Les masses musculaires de la croupe, des fesses, des lombes, parfois aussi des épaules, sont dures, gonflées, sensibles. L'urine expulsée est noire ou très foncée, couleur de café. Le plus souvent, l'animal finit par tomber, fait des efforts considérables pour se relever, et reste couché en chien sur le train de derrière, l'antérieur étant relevé. La queue est molle et balance comme un corps inerte.

5.

Premiers soins. — Arrêter le malade aussitôt que possible, dès les premiers symptômes, le dételer et le placer dans l'écurie la plus proche ; le conduire doucement, en le soutenant au besoin ; éviter de tirer sur les membres postérieurs si on est obligé de transporter ou déplacer l'animal. Faire une bonne litière, garnir les murs de bottes de paille pour éviter les chocs que le malade pourrait recevoir en essayant de se relever et en se débattant. Frictions sèches, puis sinapisées, sur les reins et les cuisses, couvertures chaudes. Saignée si c'est possible. Lavements froids salés chaque quart d'heure. Présenter souvent de l'eau froide ou des barbotages légèrement salés. Éviter les frictions d'essence de térébenthine, qui excitent trop les animaux ; ne pas chercher à faire relever le malade à coups de fouet.

PAROTIDITE

C'est l'inflammation de la glande salivaire dite parotide, située à la base des oreilles.

Elle est fréquente chez le cheval et la vache et peut être occasionnée par des coups, des refroidissements, mais elle est le plus souvent due à la présence de corps étranger obstruant le canal salivaire ou à une localisation infectieuse.

Symptomes. — Tuméfaction de la région qui

est dure, chaude, sensible; salivation abondante; les mouvements des mâchoires sont douloureux, l'appétit disparaît. L'œdème grossit peu à peu et il se forme plus tard un abcès.

Premiers soins. — Lotions chaudes à l'eau de mauves ou de son fréquemment répétées; cataplasmes émollients. Frictions douces à l'huile chaude.

Se garder des applications vésicantes et surtout de percer les abcès; cette ponction doit être faite par le vétérinaire car elle nécessite de grandes précautions.

PARTURITION

On appelle parturition, part, accouchement, mise bas, l'expulsion naturelle du fœtus à terme de la cavité utérine.

Rappelons ici le terme normal de la gestation pour chaque espèce domestique :

```
La jument porte de 340 à 360 jours ou env. 11 m. 1/2
La vache       —      275 à 290        —       9 m. 1/2
La brebis      —      147 à 151        —       5 m.
La truie       —      116 à 125        —       4 m.
La chienne     —       58 à  65        —       2 m.
La chatte      —       50 à  60        —       2 m.
La lapine      —       27 à  34        —       1 m.
```

Symptômes du part. — Quelques jours avant la mise bas, les mamelles se gonflent, le flanc se creuse, le ventre descend, la vulve s'agrandit, se tuméfie, laisse écouler un liquide glaireux ; les ligaments situés de chaque côté de la base de la queue se relâchent.

Bientôt la femelle est inquiète, trépigne, bat de la queue, se couche, se relève à chaque instant. Plus tard, les douleurs commencent et sont de plus en plus rapprochées, de plus en plus fortes. Après un temps plus ou moins long, la poche des eaux apparaît. Les contractions utérines (coliques) augmentent d'intensité, la femelle réunit ses quatre membres, vousse le dos et *pousse* avec force. La poche des eaux apparaît davantage, puis se rompt ; le fœtus avance peu à peu ; les pieds antérieurs se montrent (quelquefois les postérieurs) et la tête (ou la queue) apparaît si le part est normal. Après quelques fortes douleurs, le fœtus est expulsé en entier.

Soins pendant la parturition. — Au début, dès les premières douleurs, laisser la femelle tranquille, la placer dans un local spacieux, garni d'une bonne litière, éloigner les importuns et fermer les issues du local ; une seule personne restant à l'écurie est suffisante pour surveiller le part et prévenir les accidents qui peuvent survenir. Nettoyer la vulve à l'eau de savon tiède. Laisser agir la nature et ne pas intervenir trop tôt.

Si le part est languissant, introduire le bras bien lavé et huilé dans le vagin et s'assurer si la position du fœtus est normale; si un obstacle quelconque existe, prévenir le vétérinaire et se bien garder d'exercer des tractions intempestives. Si le fœtus est bien placé, attendre un peu, réveiller l'énergie de la mère par des breuvages chauds de camomille, du vin, etc. Sauf dans les cas simples, éviter l'intervention des voisins, dont les manœuvres sont souvent brutales et maladroites.

Chez la jument, il ne faut pas attendre trop longtemps, car le poulain serait mort au bout de deux ou trois heures.

Après le part.

Soins a donner a la mère. — Frictionner doucement la mère, principalement sous le ventre, avec un bouchon de foin; la couvrir plus ou moins suivant la température.

L'habitude de certains cultivateurs de faire prendre un litre de vin chaud sucré est à recommander. Un peu plus tard, donner cinq à six litres d'eau tiède additionnée de son ou de farine d'orge. Veiller à la sortie du délivre, que quelques vaches ont de la tendance à manger.

Faire une bonne litière, fermer les portes ou les fenêtres de l'écurie pour éviter les courants d'air. Une heure environ après le part, traire

la vache ou présenter le veau au pis après l'avoir
convenablement lavé à l'eau chaude et au
savon. Si la vulve de la mère est contusionnée,
ou déchirée, faire des lotions tièdes avec de
l'eau de son ou de mauves légèrement alcoolisée.

SOINS A DONNER AU NOUVEAU-NÉ. — En règle
générale, il faut d'abord débarrasser le petit
animal des enveloppes et mucosités qui peuvent
le recouvrir. Couper le cordon ombilical à trois
centimètres environ du nombril et le lier avec
une ficelle propre après l'avoir lavé à l'eau
bouillie additionnée d'un peu d'eau de Javel.
Oter les matières filantes qui obstruent les naseaux et la bouche. Sécher le nouveau-né avec
un linge sec ou une poignée de foin ; le saupoudrer d'un peu de son ou de farine et le présenter à la mère, qui le léchera. Au bout d'une
heure environ, quand il a pris respiration, le
porter près des mamelles de la mère et tâcher
de le faire téter légèrement.

En cas de syncope, de mort apparente, employer les moyens indiqués à l'article *Asphyxie
des nouveau-nés*.

PHLÉBITE

C'est l'inflammation de la veine, consécutive
à une saignée et due à une infection soit par

un instrument malpropre, soit par une souillure externe.

SYMPTOMES. — Au niveau de la plaie de saignée on voit une tuméfaction chaude, douloureuse ; au centre existe une petite fistule laissant écouler de la sérosité ou du pus, parfois du sang en assez grande quantité.

La phlébite de la jugulaire peut amener des complications mortelles.

PREMIERS SOINS. — Mettre l'animal au repos absolu, l'attacher au râtelier à deux longes pour éviter les frottements. Ne donner que des aliments qui n'ont pas besoin de mastication. Couper proprement les poils autour de la plaie, laver doucement avec un linge fin imbibé d'eau bouillie additionnée d'un peu d'eau de Javel. Saupoudrer ensuite avec du charbon pulvérisé ou de la poudre d'écorce de chêne.

Ne pas temporiser inutilement, appeler le vétérinaire dès les premiers signes.

PIQURES D'INSECTES

La piqûre des vraies mouches (mouches diverses, taons, œstres, cousins, moustiques, hippobosques) est rarement dangereuse. Celle qui peut nécessiter un traitement est causée par les abeilles, les guêpes, les frelons.

Isolées, ces piqûres sont généralement insignifiantes, elles causent seulement de la douleur et de la démangeaison ; mais en grand nombre, et réparties sur tout le corps (la tête principalement), elles causent une tuméfaction considérable qui, dans certains cas, peut amener l'asphyxie. La fièvre produite et la douleur sont grandes, quelques instants après il peut y avoir des symptômes d'empoisonnement.

PREMIERS SOINS. — Lavage à l'eau fraîche de toutes les parties atteintes ; puis lotions à l'eau additionnée de vinaigre ou d'eau de Cologne. A l'intérieur, en cas de symptômes graves, faire prendre du thé ou du café alcoolisé.

Comme *préservatif* des piqûres d'insectes pour les animaux irritables ou à peau fine, au départ de l'écurie, badigeonner les animaux avec une décoction de feuilles de noyer ou simplement, si on les a sous la main, frictionner avec ces feuilles vertes.

Ne pas oublier que la mouche, à certaines époques de l'année, est une cause de tourment continuel pour les animaux malades. On aura donc soin de les éloigner le plus possible des malades ou convalescents par le moyen indiqué et de tenir l'écurie dans une demi-obscurité.

PIQURE DE MARÉCHAL

Encore nommée *enclouure*, la piqûre de maréchal est la pénétration d'un clou qui sert à fixer le fer dans les parties vives du pied. Le pied est dit *serré* quand le clou est trop près du vif, mais sans le toucher.

Symptômes. — Immédiatement ou quelques jours seulement après la ferrure, le cheval boite plus ou moins ; au repos, le pied est tenu en avant : il est chaud, sensible à la percussion. Souvent, le clou causant le mal se reconnaît à ce qu'il est rivé plus haut que les autres. Le clou peut sortir taché de sang ou de pus.

Premiers soins. — Si la boiterie est légère, se contenter d'enlever le clou sensible et mettre le cheval au bain de rivière. Si, au contraire, la douleur est vive, déferrer complètement le sabot et le placer dans un cataplasme de farine de lin ou de son bien bouilli avec une cuillerée d'extrait d'eau de Javel, en attendant le vétérinaire.

PLAIES

Les plaies proprement dites comprennent les lésions de la peau et des tissus sous-jacents, qui sont coupés, piqués, déchirés. Elles sont excessivement variables suivant leur profondeur, leur étendue, leur siège.

Les plaies superficielles sont, en général, peu graves ; les profondes sont au contraire plus dangereuses, parce qu'elles peuvent atteindre des vaisseaux, des organes essentiels.

Plaies par instruments tranchants.

COUPURES. — Ce sont des plaies communes ; elles sont assez douloureuses, peuvent occasionner une hémorragie si elles ont une certaine profondeur ; les lèvres s'écartent aussitôt.

PREMIERS SOINS. — La coupure peu profonde se guérit rapidement. Si les muscles sont visibles ou sectionnés, laver avec de l'eau bouillie, essuyer et sécher avec un linge fin et propre.

Arrêter l'hémorragie. (Voir ce mot.)

Tamponner doucement avec un linge imbibé d'eau-de-vie. Tâcher de rapprocher les lèvres de la plaie avec quelques bandelettes de diachylon ou un petit pansement, si la région s'y prête, après avoir enlevé les corps étrangers qui peuvent souiller la plaie. Si la cavité n'est pas profonde, saupoudrer avec du charbon.

Plaies par instruments piquants.

PIQÛRES. — Ces plaies sont douloureuses, mais saignent peu. Sont généralement dangereuses sur les animaux dès qu'elles atteignent une certaine profondeur.

PREMIERS SOINS. — Si la piqûre est simple, peu profonde, elle guérit seule, souvent en occasionnant un petit abcès.

Pour des piqûres plus graves : faire saigner par des pressions modérées ; laver soigneusement l'orifice, qui sera bouché par un petit tampon d'ouate ou de charpie imbibé d'alcool ou d'eau salée ; recouvrir de compresses froides. Si la douleur est vive, et que l'endroit soit propice, appliquer sur la région un cataplasme de farine de lin additionnée d'alcool.

Plaies par écrasement ou arrachement.

Ces plaies sont irrégulières et le plus souvent sans beaucoup d'hémorragie, relativement à leur étendue.

Elles présentent des lambeaux, des parties de muscles, de tendons broyés, et nécessitent la présence du vétérinaire.

PREMIERS SOINS. — Laver d'abord à l'eau fraîche avec un linge fin et propre, contenir et rapprocher les lambeaux avec des tampons de charpie ou d'ouate imbibés d'eau alcoolisée ; en placer également dans le fond de la plaie, recouvrir le tout par un linge épais fréquemment arrosé d'eau fraîche.

REFROIDISSEMENT

Les animaux sont souvent exposés au refroidissement : quand ils sont laissés à l'air froid, au repos, après un travail pénible ; quand ils sont exposés à une pluie froide, un brouillard humide, pendant ou après le travail quand ils boivent trop d'eau froide ; quand on les fait baigner dans une eau glaciale ; quand, en hiver, ils s'échauffent avec leur grand poil et qu'ils ne sont pas séchés suffisamment à la rentrée à l'écurie.

Le refroidissement peut causer des affections diverses dont les plus communes sont : la fluxion de poitrine, la bronchite, la pleurésie, la péritonite, l'angine, etc…

Premiers soins. — Si l'on sait que l'animal a été exposé aux conditions ci-dessus, quand il tremble, montre peu d'appétit, il faut le bouchonner vigoureusement par tout le corps, lui appliquer sur le dos, les reins, des sacs remplis de cendre ou de sable chauffés dans une chaudière ; au besoin lui passer sur la peau des fers à repasser suffisamment chauds. Le placer dans un local à température constante et aéré. Administrer un breuvage chaud alcoolique. Couvrir l'animal avec une grande couverture. S'il y a de l'essoufflement, placer un sinapisme sur la poitrine.

RENVERSEMENT
DU VAGIN, DE LA MATRICE, DU RECTUM

RENVERSEMENT DU VAGIN. — On nomme ainsi la sortie du vagin refoulé à travers les lèvres de la vulve. Le plus souvent, ne s'observe que sur les femelles prêtes à mettre bas ou venant d'accoucher.

SYMPTOMES. — Se présente sous la forme d'une tumeur qui s'échappe des lèvres de la vulve; elle est cylindrique, semblable à un gros saucisson; la surface est lisse, d'un rouge foncé, couverte de mucosités blanchâtres; auprès de la vulve, elle est striée de plis transversaux. La femelle a des coliques intermittentes, *pousse* par moments et ne peut uriner.

PREMIERS SOINS. — Porter remède le plus tôt possible. Faire relever la malade, placer sous le train de derrière beaucoup de litière pour le rendre plus haut que l'antérieur.

Laver avec soin la tumeur pour la débarrasser du fumier qui la salit; l'envelopper d'un linge fin et essayer doucement de la faire rentrer. Ne pas insister sur cette manœuvre; entourer la tumeur d'un linge arrosé d'eau froide ou d'une décoction d'écorces de chêne jusqu'à l'arrivée du vétérinaire.

RENVERSEMENT DE LA MATRICE. — Expulsion

au dehors, entre les lèvres de la vulve, de l'utérus (ou matrice) retourné. C'est la continua-
tion du renversement du vagin. Cet accident survient aussitôt après la parturition; il est assez
fréquent chez la vache. Il peut suivre les vêlages
les plus faciles.

Symptomes. — L'utérus renversé forme une
masse plus ou moins volumineuse suivant que
le renversement est plus ou moins complet. La
tumeur est énorme, descend souvent jusqu'aux
jarrets; elle est en forme de poire dont la partie inférieure est la plus grosse; sa surface est
plissée, rouge, violacée, garnie le plus souvent
de morceaux du délivre encore adhérents (chez
la vache surtout, où on observe encore la présence des cotylédons). Cette tumeur grossit
peu à peu par l'afflux du sang, se contusionne,
s'écorche au contact de la litière. La malade
est inquiète, piétine, se couche et se relève sans
cesse, se livre à des efforts expulsifs énergiques.

Premiers soins. — Cet accident peut être
promptement mortel si on l'abandonne à lui-
même. Se méfier des mains complaisantes mais
souvent brutales et maladroites. Éviter de refou-
ler brutalement la masse herniée; c'est une opération délicate qui doit être faite par le vétérinaire.

Nettoyer soigneusement avec une éponge imbibée d'eau tiède la surface de l'organe qui

pend en dehors, enlever les parties du délivre
adhérentes, sans faire saigner.

Envelopper l'organe d'un grand linge
mouillé qu'on emmaillote en serrant progressivement ; arroser constamment à l'eau fraîche.
Cette manière de faire chasse le sang de l'organe et facilite beaucoup la besogne du vétérinaire.

Calmer les efforts expulsifs violents en faisant
prendre à la femelle du vin additionné d'eau-
de-vie jusqu'à un état voisin de l'ivresse.
Administrer des lavements d'eau de son pour
vider le rectum.

Renversement du rectum. — Chute ou sortie
du rectum (dernière portion de l'intestin) par
l'orifice de l'anus, formant une tumeur plus ou
moins volumineuse.

Cet accident est dû à l'irritation de cette
partie de l'intestin par des lavements trop
chauds ou trop purgatifs, par la constipation
opiniâtre ou, au contraire, par une diarrhée
persistante. Il survient parfois à la suite de
l'abatage d'un cheval pour une opération.

Symptômes. — On voit sortir de l'anus une
masse rouge, gonflée, à parois lisses. L'animal
fait des efforts expulsifs plus ou moins violents.

Premiers soins. — Si la tumeur est petite,
laver à l'eau fraîche ; elle peut parfois rentrer
d'elle-même.

Dans le cas de tumeur assez volumineuse : compresses imbibées d'eau fraîche ou d'une décoction d'écorces de chêne. Lavements légèrement vinaigrés. Boissons alcooliques à haute dose si les efforts sont violents.

RÉTENTION D'URINE

La rétention d'urine n'est pas une maladie, mais un signe de maladie ; elle est due à des affections variées où l'urine toujours sécrétée se trouve retenue dans la vessie ou dans les canaux qui doivent la charrier.

Symptômes. — Au début, coliques sourdes : l'animal cesse de manger, il gratte le sol, se couche et se relève. On observe un peu plus tard que l'urine ne peut être évacuée : le malade se campe fréquemment et fait des efforts plus ou moins violents, ne parvenant souvent qu'à rejeter quelques gouttes d'urine.

Premiers soins. — Le vétérinaire seul peut diagnostiquer la lésion primitive. En attendant son arrivée : promener doucement le malade, le bouchonner sous le ventre, le couvrir. Mettre à la diète. Faire prendre un breuvage à l'eau de graine de lin, au chiendent ou aux bourgeons de sapin. Donner des lavements tièdes à l'eau de son. Ne pas faire des applications de poivre à l'orifice des organes urinaires : elles ne font qu'accroître inutilement les efforts et la douleur.

RHUMATISMES

Le rhumatisme est une maladie infectieuse caractérisée par une localisation inflammatoire dans les articulations, les synoviales ou les muscles. Il apparaît sous l'influence du froid, de l'humidité et souvent à la suite des grandes maladies infectieuses.

RHUMATISME ARTICULAIRE. — Se reconnaît à la fièvre, à l'inappétence, aux urines foncées et surtout à un gonflement articulaire chaud, douloureux, provoquant une boiterie assez forte.

RHUMATISME MUSCULAIRE. — La douleur siège non plus sur une articulation, mais sur un groupe musculaire; la douleur est très vive et les mouvements très douloureux.

Les rhumatismes sont ambulatoires et passent facilement d'un endroit à un autre.

PREMIERS SOINS. — Tenir le malade au chaud et au sec, l'entourer d'une bonne hygiène. Alimenter légèrement avec du lait, du thé de foin.

Oindre les endroits douloureux avec de l'huile tiède, et envelopper la région avec un pansement ouaté maintenu par une bande de flanelle modérément serrée.

TÉTANOS

Le tétanos est une maladie nerveuse, caractérisée par la raideur des muscles. Il est démontré aujourd'hui que cette affection est causée par un produit infectieux.

Le tétanos peut survenir à la suite de la plus petite plaie, d'une opération même légère. Il est assez fréquent chez le cheval et l'âne, moins chez le bœuf. On le constate souvent à la suite de la section de la queue, et des blessures du bas des membres.

Symptômes. — Au début, on remarque des frissons, une forte contraction des mâchoires qu'on ne peut ouvrir; les membres sont raides, la marche difficile.

Si la maladie suit son envahissement, l'animal ne peut plus manger, à peine boire; l'encolure est raide, tendue, les oreilles droites; la respiration est gênée. La queue est droite, horizontale ou placée de côté. La sensibilité du sujet est excessive, il tressaille au moindre bruit, au moindre attouchement.

Premiers soins. — Le traitement doit être institué au plus vite par le vétérinaire. En attendant : couvrir le malade, le placer seul dans une écurie tranquille, dont on bouchera toutes les ouvertures pour éviter la lumière.

Éviter toute cause de dérangement et d'excitation inutiles. Laver la plaie, si elle est visible, avec de l'alcool tiède ; alimenter avec des aliments liquides : lait, infusion de foin ; etc. Éviter les bouchonnages et surtout les breuvages qui feraient fausse route et ne serviraient qu'à augmenter le mal ; enlever à l'eau bouillie, la terre et toutes les souillures.

VERTIGES

Le mot vertige indique que l'animal atteint de cette maladie cherche toujours à tourner.

Il y a deux sortes de vertige : le vertige essentiel et le vertige symptomatique

Vertige essentiel.

Le vertige essentiel est dû à une inflammation du cerveau et de ses enveloppes. Il se manifeste sur les animaux jeunes, fortement nourris, nerveux ; il peut survenir à la suite de contusion du crâne, ou d'insolation.

Symptômes. — La marche est impossible, la tête basse, dès le début. Plus tard, l'animal se cabre, recule violemment, se laisse tomber brusquement. S'il est libre, détaché, il cherche à marcher en cercle, mais tombe presque aussitôt. L'œil est fixe, dilaté, injecté, les naseaux ouverts. A l'écurie, le malade se jette en avant sans se préoccuper des obstacles, monte dans la mangeoire, frappe violemment le sol avec ses pieds. Puis surviennent des moments de calme, d'abrutissement, pendant lesquels la tête est posée sur la stalle ou la mangeoire ; la stupéfaction est profonde. Le moindre bruit ou le toucher provoque une crise. La respiration s'accélère, devient haletante ; la sueur coule sur le corps. Dans certains cas, la mort survient au bout de quelques minutes.

PREMIERS SOINS. — La saignée est indiquée tout d'abord, même faite sans toutes les précautions nécessaires : la vie de l'animal est en danger. Appliquer sur le crâne des compresses froides fréquemment renouvelées.

Frictions sinapisées sur les membres. Lavements à l'eau de savon salée. Prendre toutes précautions pour éviter les contusions le long des parois de l'écurie pendant les accès.

Vertige symptomatique.

Ce vertige, connu encore sous le nom d'indigestion vertigineuse, est dû à une irritation de l'estomac ou de l'intestin. Il est fréquent chez les animaux qui consomment des fourrages avariés.

SYMPTOMES. — Le premier symptôme est l'apparition de coliques accompagnées d'un état d'abrutissement, d'hébétude, et suivies d'accès furieux où l'animal *pousse au mur*, monte dans la mangeoire. Le cheval ne voit plus, n'entend plus, il a perdu l'instinct de la conservation, se lance en avant, au risque de se briser le crâne. En liberté, le cheval marche en cercle. C'est une affection grave, souvent mortelle.

PREMIERS SOINS. — La saignée ne devra être faite que par le vétérinaire, s'il le juge à propos. Contenir les animaux le plus possible ; les placer dans une grande écurie dont les murs seront garnis de bottes de paille placées debout. Lavements froids salés ou additionnés d'essence de térébenthine. Faire son possible pour faire avaler au malade environ 200 grammes de graine de moutarde blanche mélangée à du miel et introduite de force dans la bouche avec une spatule. Frictions énergiques sur les membres avec du vinaigre chaud ou de l'essence de térébenthine. Promenade au pas, s'il est possible, dans les moments de calme.

BIBLIOGRAPHIE

P. Cagny. — Précis de thérapeutique vétérinaire.

A. Galtier. — Petit traité d'hygiène et de médecine vétérinaire usuelle.

A. Éloire. — Agenda du Progrès agricole.

Nocard. — Cours de pathologie chirurgicale professé à l'École d'Alfort (1882 et 1883).

Trasbot. — Cours de pathologie médicale professé à l'École d'Alfort (1882 et 1883).

Friedberger et Fröhner. — Pathologie et thérapeutique spéciales des animaux domestiques.

Hertbel d'Arboval. — Dictionnaire de Médecine vétérinaire, par Zundel.

Kaufmann. — Traité de thérapeutique et de matière médicale vétérinaires.

Signol. — Aide-mémoire du vétérinaire.

Leclainche. — Précis de pathologie vétérinaire.

Bouchut et Després. — Dictionnaire de médecine et de thérapeutique.

A. Ferrand et Delpech. — Premiers secours en cas d'accidents et d'indispositions subites.

A. de Saint-Vincent. — Nouvelle médecine des familles.

J. Gauthier. — Secours d'urgence dans les maladies subites et les accidents.

Saffray. — La médecine à la maison.

— Les remèdes des champs.

Saint-Cyr. — Traité d'obstétrique vétérinaire.

Peuch et Toussaint. — Précis de chirurgie vétérinaire.

Littré et Robin. — Dictionnaire de médecine.

Breton et Larieux. — Éléments de clinique vétérinaire.

Mollereau, Porcher et Nicolas. — Vade-Mecum du Vétérinaire.

Morisot. — Hygiène du cheval.

TABLE DES MATIÈRES

I

J

L

M

N

O

P

R

9927-10. — Corbeil. Imprimerie Crété.